耕读教育教程

编委会

主　编　胡松梅（娄底职业技术学院）

　　　　钟桂宏［桃源县职业中等专业学校

　　　　　　　　（湖南桃花源高级技工学校）］

副主编　向成干（常德职业技术学院）

　　　　谢大识（娄底职业技术学院）

参　编　成朝阳（衡阳技师学院）

　　　　龚泽修（娄底职业技术学院）

　　　　周凌博（娄底职业技术学院）

　　　　周永胜（娄底职业技术学院）

　　　　曾　旭（娄底职业技术学院）

　　　　谢岢妤（娄底职业技术学院）

　　　　伍　丹（湖南交通职业技术学院）

　　　　张　玲（湖南绿一佳农业科技发展有限公司）

　　　　谢　岸（双峰县山水家庭农场）

北京理工大学出版社

BEIJING INSTITUTE OF TECHNOLOGY PRESS

内 容 提 要

本书系统地阐述了耕读教育的相关知识，共分为走向农业、走近农民、走进农村和融入实践四篇，涵盖了中华农耕义明、中国传统农业、农业农村现代化等在内的农业相关知识，走近农民生活、向农民学知识、农民创新创造等在内的农民衣、食、住、行相关知识，美丽农村—乡村生态文明建设、活力农村—农村经济建设、育满农村—农村科学教育等在内的乡村治理相关知识，以及认识农耕器具、农作物识别、植物病虫害的防治等农业劳动实践，力求帮助学生手脑结合、同步提升耕读理论水平和劳动实践水平。

本书主要供涉农类院校作为耕读教育教材使用，也可供耕读文化爱好者参考学习。

图书在版编目（CIP）数据

耕读教育教程 / 胡松梅，钟桂宏主编. -- 北京：
北京理工大学出版社，2022.8
ISBN 978-7-5763-1632-2

Ⅰ.①耕…　Ⅱ.①胡…②钟…　Ⅲ.①农学－教材
Ⅳ.①S3

中国版本图书馆CIP数据核字（2022）第153513号

出版发行／北京理工大学出版社有限责任公司

社　　址／北京市海淀区中关村南大街5号

邮　　编／100081

电　　话／（010）68914775（总编室）
　　　　　（010）82562903（教材售后服务热线）
　　　　　（010）68944723（其他图书服务热线）

网　　址／http://www.bitpress.com.cn

经　　销／全国各地新华书店

印　　刷／河北鑫彩博图印刷有限公司

开　　本／787毫米×1092毫米　1/16

印　　张／13.5　　　　　　　　　　　　　　　　责任编辑／王梦春

字　　数／289千字　　　　　　　　　　　　　　　文案编辑／闫小惠

版　　次／2022年8月第1版　2022年8月第1次印刷　责任校对／周瑞红

定　　价／65.00元　　　　　　　　　　　　　　　责任印制／王美丽

习近平总书记强调："农村是我国文明的发源地，耕读文明是我们的软实力。"耕读教育践行"亦耕亦读"，是农林院校加强劳动教育的重要载体，也是弘扬我国耕读传家优秀传统文化的重要抓手，具有树德、增智、强体、育美等综合性育人功能。

农耕生产生活方式正在与我们渐行渐远。最近几十年来，随着改革开放的伟大进程和现代科技的迅猛发展，我国农业、农村、农民的面貌发生了沧桑巨变。处在农耕嬗变的历史节点上，如何留下过往时代的历史记忆，守住农耕文化的根脉，如何切实做好优秀农耕文化遗产保护、研究和利用工作，深入发掘传统农耕文化的精华，以农耕文化为切入点，为传承发展中华优秀传统文化和实施乡村振兴战略做出积极贡献，成为一个重大而迫切的时代课题。

为实现中华民族伟大复兴的中国梦而奋斗。习近平总书记指出："文化是一个国家、一个民族的灵魂。文化兴国运兴，文化强民族强。没有高度的文化自信，没有文化的繁荣兴盛，就没有中华民族伟大复兴。" 2017 年，中共中央办公厅、国务院办公厅印发了《关于实施中华优秀传统文化传承发展工程的意见》。此后召开的党的十九大，对于传承发展中华优秀传统文化、增强文化自信给予空前的重视，做出了全面部署。2018 年 1 月印发的《中共中央 国务院关于实施乡村振兴战略的意见》指出，要"切实保护好优秀农耕文化遗产，推动优秀农耕文化遗产合理适度利用。深入挖掘农耕文化蕴含的优秀思想观念、人文精神、道德规范，充分发挥其在凝聚人心、教化群众、淳化民风中的重要作用"。为深入贯彻习近平总书记关于教育的重要论述，落实《中共中央 国务院关于全面加强新时代大中小学劳动教育的意见》《中共中央 国务院关于全面推进乡村振兴加快农业农村现代化的意见》，加强和改进涉农高校耕读教育，大力培养知农爱农新型人才，教育部印发了《加强和改进涉农高校耕读教育工作方案》（教高函〔2021〕10号）。

回溯中国古代，战国时期农家许行就说过要"并耕而食"，提倡劳动创造生活；墨家提出"劳作既是学习、学习也是劳作"。近现代，马克思、恩格斯批判继承了历史上关于教育与生产劳动相结合的思想。

历史车流滚滚向前，劳动教育的综合育人价值已经在社会实践发展中经受人民检验而为大众所认知。劳动教育是中国特色社会主义教育制度的重要内容，直接决定社会主义建设者和接班人的劳动精神面貌、劳动价值取向和劳动技能水平。同时，劳动教育又受到乡村振兴的精神滋养，为乡村振兴提供价值取向、育人方式等支持。乡村振兴战略和劳动教育的良性互动在一定程度上可实现融入式发展。

本书旨在通过有效实施劳动教育引导学生树立正确的劳动观，进而在学生中弘扬劳动精神、劳模精神和工匠精神，希望学生以后能够辛勤劳动、诚实劳动、创造性劳动，最终培养出符合时代要求的"德、智、体、美、劳"全面发展的社会主义建设者和接班人，促使每个学生的潜能和个性都能在社会中得到充分发展，最终为实现社会政治的民主、科学文化的繁荣昌盛、社会生产高度发展和精神文明的高速发展提供一系列人才支持。

本书由娄底职业技术学院胡松梅、桃源县职业中等专业学校（湖南桃花源高级技工学校）钟桂宏担任主编；由常德职业技术学院向成干、谢大识担任副主编；衡阳技师学院成朝阳、娄底职业技术学院龚泽修、周凌博、周永胜、曾旭、谢岂妤，湖南交通职业技术学院伍丹，湖南绿一佳农业科技发展有限公司张玲，双峰县山水家庭农场谢岸参与编写。其中，走向农业篇由胡松梅编写，走近农民篇由钟桂宏编写，走进农村篇由向成干、谢大识编写，融入实践篇由成朝阳、龚泽修、周凌博、周永胜、曾旭、谢岂妤、伍丹、张玲、谢岸编写。全书由胡松梅统稿、审定。

本教材的编写深入浅出，贴近所需，但由于编者水平有限，书中难免存在不足之处，恳请广大师生在使用后提出宝贵的意见和建议，以便我们及时做出修订。

编　者

目　录

走近农民篇：
时代召唤新农民

053

走进农村篇：
乡村治理正当时

097

融入实践篇：
课堂外的耕读文明

139

走向农业篇：

传统农业换新颜

01

项目一 中华农耕文明

项目导航

农耕文明是人们在长期的农业生产中孕育的一种文明。我国属于农耕大国，孕育出优秀的农业文明，其不仅给人类提供了稳定可靠的食物来源，同时，也给社会带来了很多优秀的文化，丰富了社会经济，提高了劳动人民的文化内涵。农耕文明是支撑中国千百年发展的重要力量，也是中华文明源远流长的持久动力。

知识结构

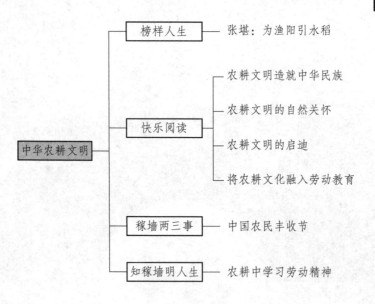

农耕文明孕育的文化精神

学习目标

【知识目标】

1. 了解农耕文明的含义及其形成条件。

2. 了解农耕文明给予人类的启迪。

3. 了解中国农民丰收节的设立背景及其历史意义。

4. 熟悉农耕文明"天人合一"的自然思想。

【能力目标】

1. 能够概括地叙述农耕文明的形成与发展。

2. 能够与同学分享中国农民丰收节设立的背景与历史意义。

【素养目标】

能够认识到农耕需要遵循自然法则，要维护生物与环境统一，要有敬畏自然、保护自然的生产、生活态度，真正懂得只有人与自然和谐共处，人类文明的历史才能延续的真谛。

 榜样人生

张堪：为渔阳引水稻

渔阳惠政话张堪

　　张堪，字君游，南阳宛县（今河南省南阳市）人，南阳郡豪门大族。张堪很早就成为孤儿，他把父亲留下的数百万家产让给堂侄。16岁时，他来到长安受业学习。他的品行超群，诸儒都称他为"圣童"。公元39年到46年期间，张堪官拜渔阳太守。他文武全才，在军事上，打得北部匈奴不敢南犯，经济上创造性地落实了汉光武帝刘秀的休养生息的国策，出现了史学家称为的"渔阳惠政"。百姓歌曰："桑无附枝，麦穗两岐。张君为政，乐不可支。"东汉著名科学家、文学家张衡就是他的孙子。

　　据《后汉书·张堪传》记载：当时的渔阳郡，就在今北京昌平、怀柔、密云一带的狐奴山下，辖区面积很大，土地广阔。张堪是历史上著名的好官，此前，他任蜀郡太守时，就勤勉为官，体察民情，把蜀郡治理得井井有条，而且学会了当地的水稻种植技术。张堪到渔阳上任后，首先申明法纪，追捕打击奸猾之徒，对待官吏赏罚分明，使得官员百姓都乐意为他所用；其次渔阳地处边境地带，匈奴时来侵扰。张堪曾率数千骑兵，大败入侵渔阳的一万匈奴骑兵，从此渔阳境内安定无事。

　　此后，张堪便开始抓农业生产。他看到当地的农业生产很落后，粮食产量低，百姓生活水平低。为了找出根源所在，张堪经常深入乡村考察。他发现，狐奴山下水资源十分丰富，泉水汇集成河，流经山下的大片土地。然而，靠着丰富的水资源，当地百姓却不会利用，只知道种植旱播作物。根源找到了，如何解决？实地考察后，张堪认为，当地水源、水量和土质适合种植水稻。于是，张堪首先对水资源进行了治理，使之能够达到种植水稻的条件；接着把南方的稻种和水稻种植技术引入渔阳郡，"乃于狐奴开稻田八千余顷，劝民耕种。"使得郡中百姓生活日益富庶，解决了吃粮问题。也就是从那时起，水稻，这种在我国南方温暖地区种植的农作物，开始引种到相对寒冷的北京一带，从此，许多北方百姓也吃上了香喷喷的大米饭。

　　张堪不仅指导水稻种植技术，还把家乡南阳的植桑养蚕技术引进渔阳。张堪在渔阳任职八年，赢得了百姓的赞誉。人们用歌谣讴歌他"桑无附枝，麦穗两岐。张君为政，乐不可支"，"渔阳惠政"由此而来。唐代大诗人杜甫曾有诗赞扬他："渔阳豪侠地，击鼓吹笙竽。云帆转辽海，粳稻来东吴。"

一、农耕文明造就中华民族

1. 农耕文明的含义

农耕文明，是指由人们在长期农业生产中形成的一种适应农业生产、生活需要的国家制度、礼俗制度、文化教育等的文化集合。农耕文明的主体包括国家管理理念、人际交往理念及语言、戏剧、民歌、风俗与各类祭祀活动等，是世界上存在的最为广泛的文化集成。光照充足、降水丰沛、高温湿润的气候条件十分适宜农作物生长，雨热同期是我国非常优越的气候资源，是诞生农耕文明的重要条件。

农耕文明形成了自己独特文化内容和特征，除带来稳定的收获和财富，造就了相对富裕而安逸的定居生活外，还为进一步衍生出高雅的精神文化，奠定了基础。

在这个漫长的发展过程中，农耕文明和游牧文明（图1-1）在各自的世界里不断发展、演变，由于文明的巨大差异，也使这些人类在性格上和体制上出现了很多不同。在亚欧大陆的广阔土地中，大陆的北部形成了一条天然的草原地带，众多的游牧民族生活在此，在大陆的南部及一些中部地区出现了一个个农耕区。从社会形态的发展阶段及特点来看，农耕文明一直被认为要先进于游牧文明，这不仅是因为双方生存方式的不同，更为根本的则是农耕社会的发展进程始终要快于游牧社会。

图1-1　农耕文明和游牧文明

从当时亚欧大陆各文明区的发展现状来看，古中国、古希腊、古罗马文明在繁荣昌盛之时，位于它们北方的游牧人正处于尚未开化的状态，文明还远远没有产生。农耕文明相对游牧文明有诸多方面的进步性，并且在这种进步性的长期影响下，农耕文明率先进入了国家形态。农耕文明和游牧文明作为两种截然不同的人类文明成果，它们共同构成了人类历史不断向前发展演变的重要因素和重要基础。

从历史上看，只有自然条件不能满足农耕的地方才会停留在游牧社会，凡自然条件能够满足农耕的地方，一定会进化到农耕社会。从事农耕是古代人类实现定居的必然条件，而定居是一切高级文明产生的前提。

2. 农耕文明的发现

20世纪90年代，中美联合农业考古专家在中国鄱阳湖流域发现了距今12 000多年的人类驯化野生稻的历史遗迹。这一历史的发现，对于中华文明、中国农耕文明的意义非常重大。曾经世界历史学界认为，中华文明之所以没有断代，其中一个重要原因是中华文明出现的历史最晚。因为出现得最晚，所以才没有发生过文明中断现象。

还有学者认为，四大古文明，历史最长的应是"两河文明"，其发生文明断代的原因是它9 000年的悠久历史。鄱阳湖流域这一重大考古发现，直接将中华文明的历史推到了12 000年前。人类驯化野生稻的历史遗迹充分说明早在12 000年前，中国已经进入农耕文明。农耕文明是中华文明延续万年来的重要文化遗产和宝贵精神财富，也是中华文明经久不衰的思想动力。新时代不断传承发展农耕文明，既是时代发展的需要，也是实现中华民族伟大复兴的需要。

3. 中华农耕文明的形成条件

人类逐水而居，江河孕育文明。考古资料显示，距今10 000年前，农耕劳作方式同时在黄河、长江流域出现。华夏先民利用河谷地区的良好自然条件——"观其流泉""度其隰原""彻田为粮"，开创了精耕细作的中华农耕模式。2018年5月，"中华文明探源工程"根据可靠的考古史实得出结论，"距今5 800年前后，黄河、长江中下游及西辽河等区域出现了文明起源迹象。距今5 300年以来，中华大地各地区陆续进入了文明阶段"。中华文明是"散布在黄河、长江和西辽河流域的许多地方文明构成的一个巨大丛体"，各地区的文明既彼此竞争、相对独立，又相互交流融会、吸收借鉴，呈现"多元一体、兼容并蓄"的"满天星斗"式、多样性发展特征。

独特的自然地理条件、地域与民族的多样性、政治与文化的聚合力，尤其是生态化的农耕方式和农耕生活，不仅赋予中华农耕文明重要的特征，也是中华文明长盛不衰的重要原因。相较于古埃及、古巴比伦、古印度等文明古国，中华文明之所以能够持久发展，主要有以下几点重要原因。

（1）中华先民拥有既适合农耕，又利于边防、便于回旋，并适宜多样性文化交融的广大型地理空间，为一个民族自组织体系的形成奠定了自然基础。

农耕生产与气候条件息息相关。季风气候是我国气候的主要特点，季风气候是大陆性气候与海洋性气候的混合型。季风气候表现为雨热同期。雨热同期有利于农作物成长。

从降水的季节分布状况来看，我国的降水主要集中在夏季，也就是东南季风盛行的时候，所以，我国的气候特征表现为雨热同期。在高温季节，农作物生长旺盛，需要大量水分，而夏季正是我国降水最多、最集中的季节，高温期与多雨期一致，水热搭配好，对农作物的生长十分有利。由于我国的降水主要是由东南季风带来海洋的水汽而形成，受夏季风的影响，降水自东南沿海向西北内陆逐渐减少。我国的南方热带和亚热带地区是典型的雨热同期气候；我国北方的华北、东北等地区的降水主要集中在夏秋之交，虽降雨量少，但也是表现为雨热同期的气候特征。所以，我国北方的华北、东北等地区气候也属于雨热同期。雨热同期是我国非常优越的气候资源，光照充足、降水丰沛、高温湿润的气候十分适宜农作物生长，是诞生农耕文明的重要条件。

（2）建立在农耕经济基础之上的具有强大聚合力的政治与文化。小农经济的自给特性及建立在相应土地制度上的血缘宗族政治，衍生出"家国一体"的政治结构、一体化的宗法制度、兼容并包的政治文化，将分散的自然经济存在网络成大一统国家，并规制其文明发展秩序。

这种多样性统一的国家具有"化成天下"的超强韧性和再生力：外来文明易于被接纳融会并被赋予新的内涵，本土文明则在与外来文明的交汇中不断"自省""自反"而获得新的生机。历史上国家治乱、王朝更替的周期性虽然造成农耕文明的阶段性毁伤，但始终没能阻挡文明赓续的步伐，甚至屡次出现遭遇攻袭"国家亡而文明存"继而在新的国家形态中接续发展、继续向前的情形。

（3）生产、生活、生态"三生"统一的中国传统农业。农业作为经济基础的根本，是民族生存发展的基石。中国传统农业不只是一个产业，更是集经济、文化、经验、智慧等为一体的集合性存在。农耕经济的持续性造就了中国文化的延续力，传统农业的持续发展使中华文明具有极大的承受力和愈合力。

①从生产方式看，生态化的农耕方式是遵循自然法则、以维护生物与环境统一性为基础的生产方式，它的关键技术是有机循环的，它的运行方式是多样平衡的，它的基本内核是可持续发展的。生态化的农耕方式保护并改善了原有的自然条件，为物质再生产和精神再生产提供支撑。这种生态化农耕方式所拥有的可持续力，被一个巨大文明反复发酵，被其无比广大的空间、无比丰富的历史、日益众多的人口多倍放大，最终汇聚起其他文明古国无法比拟的恢宏力量，护佑中华民族穿越古今而不断新生。

②从生活方式看，应时取宜、与自然融为一体的农耕生活所确立的是人与自然和谐共生、协同发展的生态化生存方式。尤为重要的是，这种与自然合一的生活方式在古代中国是一种群体性的选择，由此产生的生态智慧是族群意义上的、根源性的，赋予一个民族生命的和谐、身心的安顿和高远的意境。民族整体的"诗意栖居"，身体灵魂的双重安放，相比工业文明时代美国作家梭罗式刻意性、个体性的乡间隐居，更具有积极的社会意义与文化价值。

"生态兴则文明兴，生态衰则文明衰"。归根到底，大自然馈赠给中华民族的，不仅是适宜于可持续生存发展的自然地理条件，还包括生态化的生产方式、生活方式及生存智慧，其中蕴藏着中华民族、中华文明绵延不绝的深层奥秘。

课堂故事

炎帝就是中国古代传说中农业的鼻祖"神农氏"，他是远古时期的帝王，也是"三皇"之一。因为他的家族生活在姜水的河边，所以他们姓"姜"。炎帝后来发明了农业的耕种法，所以人们称他为"神农"，又因为他重视火德（古代五行之一，即金、木、水、火、土），而火的性质是炎热，所以叫他"炎帝"。

传说炎帝的母亲是被神龙绕身而怀孕的，他出生后，是个牛头人身的小孩，而且头上有角。

炎帝教会了人们种地、收获，所以他是农业的发明人，是农业神。除农业外，他还教人们灌溉，发明许多的农具，如斧头、锄头，以及发明了五弦琴，让大家累的时候弹唱娱乐。

炎帝还是桑麻、陶器的发明人，指导人们种桑树和麻，然后用蚕丝和麻线织布做衣服。

为了给人们治病，找到治病的草，神农还亲自品尝野草，所以他经常中毒。他的这种献身精神受到人们的崇敬，现在民俗把他称为"药王"。因此，中国第一部药物学著作就用他的名字命名，叫《神农本草经》。

炎帝后来因为劳累病死了，有的说是在尝草药时中毒死的。

炎帝和黄帝后来联合打败了蚩尤，组成了一个大的部落联盟，这就是现在我们的祖先。

二、农耕文明的自然关怀

1. "天人合一"的自然思想

"天人合一"思想是农耕文明最为重要的核心理念。直至今日，中国农业生产仍受环境气候影响，这种典型的"靠天吃饭"式生产方式，是"天人合一"思想产生的重要经济基础，其中的内涵也丰富深厚。

（1）人与自然和谐相处的理念。相传"天人合一"思想起源于 6 000 多年前伏羲氏时代。这一思想作为传统中国哲学思想，儒、道、释三家对其具体解释阐述各不相同，但中心思想存在着共通之处。《易经》言："有天道焉，有人道焉，有地道焉。兼三才而两之，故六。六者非它也，三才之道也。"强调天有天道、人有人道、地有地道。虽三者各有其道，但三者之间是相互对应、相互联系的。天地之道是生成的原则，人道是实现的原则，三者缺一不可，这是"天人合一"思想的基本内涵。在此基础之上，就逐渐形成了人与天地自然和谐共生的理念。

生态兴则文明兴，生态衰则文明衰。纵观人类历史，国内外因生态环境受到破坏导致文明衰落的案例数不胜数。古埃及的岩画上，猎豹追逐着刺猬，充分说明当时古埃及生态食物链已严重缩短；中国罗布泊的古楼兰遗址，直至今天，仍然环境恶劣、人迹罕至。无数鲜明的例子都充分说明只有人与自然和谐共处，人类文明的历史才能够延续。

古楼兰沙雕如图 1-2 所示。

图 1-2　古楼兰沙雕

（2）敬畏自然的文化传统。在"天人合一"思想的基础之上，中华民族形成了敬畏自然、保护自然的生产、生活态度。曾有西方学者认为，中国人没有宗教信仰，所以没有"敬畏之心"，实则不然。中华民族自文化诞生之日起就对自然存在着敬畏之心。

儒家思想是中华传统文化中的主体之一，在其经典《论语·阳货》中记载："天何言哉？四时行焉，百物生焉，天何言哉？"另一部经典《天论》中说："列星随旋，日月递炤，四时代御，阴阳大化，风雨博施，万物各得其和以生，各得其养以成，不见其事而见其功，夫是之谓神；皆知其所以成，莫知其无形，夫是之谓天。"儒家的孔子与荀子都阐明了一个道理：天地孕育了自然万物和人。这是中华民族对自然的敬畏心理，其重要表现之一，即古代皇帝会在每年的冬至日进行大型祭天活动，这是中国古代最重要的仪式，礼仪极其隆重并且繁复。尽管宗教并不是农耕文明的主流，但农耕文明中存在着对自然的敬畏之心。

（3）"天人合一"思想的新时代扬弃。事实上，中华文明中之所以产生"天人合一"思想，形成敬畏自然、保护自然的文化传统，与农耕生产生活方式紧密相关。经济基础决定上层建筑。依赖良好地理环境和气候天气的农业生产、生活方式，是形成"天人合一"思想的重要现实基础。但是，传统农耕文明在其具体内容中，不可避免存在着封建迷信思想，新时代传承发展农耕文明，要对其进行必要的扬弃，"取其精华，去其糟粕"，如小农思想、轻视科学、小富即安等不符合时代要求的落后思想应予以摒弃。

素养提升

人类来源于自然，与自然的命运天然地连接在一起。正如恩格斯在《反杜林论》中所指出的："人本身是自然界的产物，是在自己所处的环境中并且和这个环境一起发展起来的。"敬畏自然，保护环境，从某种程度上来说，既是保护自然，让自然万物得以充分、自由地生长，也是保护我们人类自己，保证人类整体的生命延续。

2. "民胞物与"的自然关爱

自然环境是广泛的民生福祉。每个人都是自然环境的一分子，自然环境也不会因人的社会地位、经济收入等不同而区别对待。

（1）"博爱"的人本理念。儒家经典《论语》强调"泛爱众，而亲仁""四海之内皆兄弟"。儒家思想强调仁爱，要以仁爱之心去关爱他人，不因富贵、贫贱而区别对待。在此基础上，农耕文明中更是形成了"人不独亲其亲，不独子其子；使老有所终，壮有所用，幼有所长，鳏寡孤独废疾者皆有所养"的伦理思想。这种"博爱"的人本理念是形成农耕文明中自然关爱的社会思想基础。

传统的农耕生产方式，使人成为农业生产、生活中最为重要的生产要素。在农业生产中，人是除土地外保障生产的重要因素。在没有大型机械的古代，无论是播种、除草、收割，都需要依靠人力去完成。使人安定地从事农业生产，是中国古代各个朝代保持政权稳定、粮食丰收、社会安定的重要基础。

（2）"爱物"的平等思想。孟子在"泛爱众"的基础上将这一思想进一步发展，由人及物，强调不只要爱人，也要"爱物"。《孟子》中言道："亲亲而仁民，仁民而爱物。"孟子认为在"仁民"的基础上，更应爱世间的万事万物，以仁爱之德行去关爱自然和其他生物。

宋代理学家、关学创始人张载对这一理论进一步发展，他在《西铭》中说："乾称父，坤称母；予兹藐焉，乃混然中处。故天地之塞，吾其体；天地之帅，吾其性。民，吾同胞，物，吾与也。"他从哲学伦理的角度认为，人与世间万物皆由气所组成，天地之间所有人都是兄弟，所有自然生物都是同伴，人与自然是和谐共生的，人应对自然保有仁爱之心，对其他生物怀抱仁爱之德。这种"民胞物与"思想的哲学基础，就是"天人合一"的思想。张载提出的"民胞物与"思想，在宋明之后对儒家思想影响甚大，奠定了中国宋明理学的重要自然理论基础，巩固了人与自然和谐共生的伦理规范。

（3）"协和万邦"的整体观念。自古以来，"天下"就是中华民族最为重视的概念之一。在古语中，"国"的本意是"城"，"国"的历史要从"城"算起，"城"也要从真正的城池算起。城国由城池和附属的村邑构成，所以，城国也就是城邦。在距今 6 300 年到 4 000 年前，众多城池在澧阳平原和江汉平原崛起，长江流域城邦林立，呈现中国古史记载的"万邦林立"的局面。

在农耕文明发展的相当长的一段历史时期，城邦与城邦之间相互联系、相互战争。这种不断交流融合的历史，也使中华民族逐渐形成了统一的多民族国家。基于"民胞物与"这种泛爱人、泛爱物的伦理思想，各个历史朝代不仅关注自身王朝的自然环境，还关注整个天下的自然环境。新时代的中国，同样延续了这种"协和万邦"的思想。自然环境的保护，不是一个地区、一个国家能够单独完成的，系统的自然环境要求世界各国必须联合起来，共同保卫我们的自然家园。由爱自己的国民、爱自己的自然环境，推及爱其他国家的国民与自然，是农耕文明又一重要的特点。

3. "勤俭节约"的自然准则

"勤俭节约"是中华民族传统道德准则。"俭，德之共也；侈，恶之大也""仓廪实而知礼节，衣食足而知荣辱"。在生产资料匮乏、生产力落后的传统农耕时代，人们将勤俭作为道德的重要衡量标准。不稳定的农业生产，使中华民族不得不注重保护有限的生产资料和生活资料。"勤俭节约"也逐渐成为生产、生活的重要道德准则，这是实现人与自然和谐共生的必然一环，其形成的重要原因如下：

（1）需要保护有限的土地资源。耕地，是粮食生产的基础。中华文明之所以源远流长，其中非常重要的一个原因是我们拥有丰富多样的地理、地貌和气候环境。广袤的土地、多样的气候、多季的耕种，使中华民族能够获得丰富的膳食和均衡的营养。但是，在多子多福伦理道德要求下的中华民族，始终面临着人多地少的矛盾，这个矛盾直接关系着农业生产和封建政权的稳定。合理利用和保护耕地资源便成为农业生产的重要原则。农耕文明坚决反对"竭泽而渔""焚薮而田"。保护有限资源最好的办法就是节约。勤奋劳动能够收获更多的粮食，节俭使用能够尽可能保有多的生产生活资源。

（2）要有未雨绸缪的生活态度。中国古代农业生产具有非常大的不确定性，干旱、

洪涝、霜冻、冰雹等自然灾害随时会造成农业减产、农民收入降低。因此，随时保留部分资源以备不时之需就成为中华民族应对自然气候灾害的重要方法。

农耕文明是中华民族生生不息的宝贵财富。进入新时代，传承和发展农耕文明既是促进中华民族优秀传统文化发展的需要，也是实现中华民族伟大复兴的必经之路。

素养提升

耕读教育践行"亦耕亦读"，是农林院校加强劳动教育的重要载体，也是弘扬我国耕读传家优秀传统文化的重要抓手，具有树德、增智、强体、育美等综合性育人功能。全面推进乡村振兴，加快生态文明建设，人才是重要的支撑力量。长期以来，我国农业院校坚持教育与生产劳动相结合，在耕读教育改革实践中取得了一定的成效，为我国农业农村现代化建设输送了大批人才。但在人才培养过程中也存在着耕读教育不系统、与"三农"实际联系不够紧密、实践育人环节有待加强、毕业生面向农业农村就业创业人数较少等问题。加强和改进农业院校耕读教育，让学生走进农村、走近农民、走向农业，了解乡情民情，学习乡土文化，对提升学生学农、知农、爱农素养和专业实践能力，培养德、智、体、美、劳全面发展的社会主义建设者和接班人具有重要的意义。

三、农耕文明的启迪

中华农耕文明虽然拥有发达的生态智慧，自身却也存在不容忽视的缺陷：一是它的自给特性在保护了农耕文明的同时，也导致生产力发展水平长期裹足不前，墨守成规而创新不足；二是相对独立封闭的地理空间和生活方式，阻滞了与外界更广范围、更深层次的交流互鉴；三是偏重系统整体思维，微观分析思维相对欠缺，虽然也诞生了四大发明等优秀的科技成果，但科技创新的体系和机制发育不足。一个广大型地理空间的农耕国度虽能自足其性，但其自组织系统却在外来强势工业文明冲击下显得异常脆弱。

农业四大发明

当中华农耕文明和西方工业文明两种文明形态在晚清中国相遇时，双方不是平等对话、互学互鉴，而是发生了残酷、野蛮的战争。以工业文明之长攻农耕文明之短导致的失败，让中华文明蒙羞，也为其后一百多年评价中华传统文化和农耕文明时的全盘西化论与历史虚无主义埋下了隐患。在与工业文明的交锋中，农耕文明的智慧光芒被遮蔽，中华文化的独特价值被疏忽。

迄今为止，人类文明的演进经历了从采集渔猎文明到农耕文明再到工业文明的历程。采集渔猎文明长达几十万年，农耕文明历经一万多年，工业文明从英国产业革命至今也只有两百多年。在人与自然的关系方面，采集渔猎文明时期，人相对于自然处在完全被动的状态。农耕文明时期，人与自然结成了初级形式的生命共同体，人与自然的关系尽管由于生产力水平相对低下而处于消极和谐的状态，但依然是迄今为止最好的时期。工业文明时期，资本主义制度及资本贪婪逐利的本性使自然陷于被征服、被伤害的状态，进而引发严重的生态危机和社会危机。

与"上不在天、下不在田、中不在人"的工业化存在方式不同，农耕文明是离自然最近的文明形态，也是离人的本性最近的文明形态。天人合一，人的心灵与自然万物相互交融，人与自然的和谐是中华先民内在的德性与追求而非外在的驱使或不得已的选择，其自生性的生态智慧与工业时代环境被破坏之后产生的外在性生态需要存在较大差异。迥异于工业文明远离土地、远离自然所造成的人与自然的疏离和心灵冲突，迥异于机械化、标准化的工业文明重物不重人的偏弊，农耕文明生产力发展水平虽处于弱势，物质条件相对有限，但它对自然的尊崇、有益身心的生活方式、卓越的精神成长价值，恰恰是病态的工业社会、"单向度的人"最为缺乏的。

西方工业革命机器生产方式的兴起，大大增强了人类征服自然、改造自然的能力，也从根本上改变了人对自然的态度和看法。人在自然面前的傲慢与偏见同资本主义制度相结合，形成了物质主义、消费主义、享乐主义、个人主义，造成了社会的物化、人的异化，也出现了严重的环境危机、社会危机。工业文明一方面聚集着社会的历史动力，另一方面又破坏着人和土地之间的物质变换，也就是使人以衣食形式消费的土地的组成部分不能回到土地，从而破坏土地持久肥力的永恒的自然条件。这样，它同时破坏城市工人的身体健康和农村工人的精神生活。工业文明主导下的当代世界面临的人与自然、人与自我心灵、人与他人、人与社会、文明与文明的矛盾冲突日趋激烈，演化为世界难题，仅靠工业文明自身无法化解这个不可调和的矛盾。正确的道路是以中华农耕文明根源性的生态智慧对工业文明的根本性缺陷进行补正与纠偏。

当然，这种补正与纠偏，不是也不可能是向传统农耕文明的简单回归，而是要充分汲取农耕文明关于人与自然关系的实践智慧与观念智慧，将其活化为具有现实性的中华生态文明大智慧。英国哲学家罗素曾言："中国至高无上的伦理品质中的一些东西，现代世界极为需要"，"若能够被全世界采纳，地球上肯定比现在有更多的欢乐祥和"。以唯物史观的立场，这种补正与纠偏应当建立在制度性、整体性变革的基础之上，而制度性的变革需要以观念为先导。"观念的东西转化为实在的东西，这个思想是深刻的，对于历史很重要。"如果这种观念具有深厚的民族根基，则更易于被认同理解，更易于转化为现实的制度、政策和策略，使之从大众化的历史转化为大众化的现实。

中华文明正在经历"千年未有之大变局"。一方面，中国在现代化道路上还没有充分创造和享受工业文明的物质成果，却已经面临比较严重的生态危机；另一方面，后发的追赶型发展正在让我们快速远离农耕文明，工业化城镇化进程中的乡村日趋凋敝，中华文明面临传承载体消失、文明根基动摇的深层隐忧。突破这双重困局，必须充分发挥农耕文明和工业文明双重优势，实现对二者的双重超越，发展新时代社会主义生态文明。"历史是一面镜子，从历史中，我们能够更好看清世界、参透生活、认识自己；历史也是一位智者，同历史对话，我们能够更好认识过去、把握当下、面向未来。"走在中华民族伟大复兴的历史征程上，我们要充分挖掘五千年中华文明积淀下来的宝贵思想资源，用农耕文明原生的、根源性的生态智慧引领工业化、城市化，切实转变发展方

式，实现高质量的绿色发展、可持续发展，借力工业文明的先进生产力进行现代化建设。同时，更要着力传承发展提升农耕文明，全面振兴乡村，推动城乡两元文明共生发展，走人与自然和谐共生的现代化道路。

中华文明是有根的文明，其根在乡村。从文明史的视角看，乡村振兴战略是中国历史螺旋式上升、中华文明返本开新的回归之路。屡次引领中华民族凤凰涅槃、浴火重生的中国乡村不只是一个自然村落、文化符号，它"就像构成生命体的细胞一样，携带着中华文明演化的秘密和基因"，蕴藏着我们"从哪里来"的精神密码，更标定了我们"走向何方"的精神路标。如此，我们就会更加深刻地理解习近平总书记指出的"乡村振兴是一盘大棋"；如此，我们就会从思想自觉走向行动自觉，从自觉走向自信、自强。

素养提升

农耕文明决定了中华文化的特征。中国的文化是有别于游牧文化的一种文化类型，农业在其中起着决定性的作用。聚族而居、精耕细作的农业文明孕育了自给自足的生活方式、文化传统、农政思想、乡村管理制度等，与今所提倡的和谐、环保、低碳的理念不谋而合。历史上，游牧式的文明经常因为无法适应环境的变化，以致突然消失。而农耕文明的地域多样性、历史传承性和乡土民间性，不仅赋予中华文化重要特征，也是中华文化之所以绵延不断、长盛不衰的重要原因。

四、将农耕文化融入劳动教育

教育本质上是一种优秀文化的传承，将中华农耕文化作为劳动教育的重要资源，需要通过合理的路径和恰当的文化载体开展有效的劳动教育，从而培养"德、智、体、美、劳"全面发展的时代新人。在对劳动教育的价值目标和中华农耕文化马克思主义劳动观意蕴深入剖析的基础上，能更精准地通过多种路径在青年大学生中开展有效的劳动教育。

（1）把农耕文化融入课堂教学，筑牢马克思主义劳动观教育主阵地。课堂教学是一种目的性和意识性都很强的活动，思想政治理论课教师要把握好课堂教学主阵地，深入研究课程体系中的相关理论与马克思主义劳动观的关联性，并运用相关农耕文化符号和农耕文化载体对青年学生进行劳动教育，做到用生动的文化载体展现理论，用鲜活的文化素材感染学生。

正如一些学者指出的，劳动教育要让学生从中体会到劳动的三重价值，即劳动具有本源性价值，劳动是创造物质世界和人类历史的根本动力，劳动、劳动者光荣；劳动具有经济性价值，劳动是一切社会财富的源泉，按劳分配是合乎正义的分配原则；劳动具有教育性价值，热爱劳动、参加劳动才能实现个人的健康成长，不愿劳动、不爱劳动则会阻碍个人的全面发展。

（2）把农耕文化融入校园文化，让马克思主义劳动观教育润物无声。营造丰富多彩的校园文化是培育青年大学生正确人生观、价值观的重要教育路径。农耕文化融入校园文化既可以通过实实在在的校园文化活动，如农耕文化图片巡展、农耕用具展、农耕文化知识竞赛等，也可以运用现代传媒手段，以优秀农耕文化为素材进行宣传教育，引导青年学生进行文学艺术创作。

近年来，许多电视台和网络新媒体以回归自然、守望家园、莫忘乡愁为主旨制作播出的栏目和作品，都广受欢迎，这也充分说明了以农耕文化为切入点弘扬传统文化，在青年大学生中大有可为。

（3）将农耕文化融入社会实践，实现理论认知与实践体验的相互促进。传统的农耕生产工具、工匠用具及各种各样的衣饰等，都可以通过博物馆的诠释来讲述农耕文化，地方庙会、农俗节、农耕体验园则能生动再现农耕生活场景，让参与的人从中感受到劳动带来的获得感、幸福感。这些丰富多彩的劳动教育资源无法大规模进入校园，但青年学生可以走出去以开展社会实践的方式接受教育。

现有的内容丰富的农耕文化博物馆，有重在表现古代农耕文明发展史的，如中国农业博物馆、中国农业历史博物馆、中华农业文明博物馆等；有以农耕文化嬗变为主题的博物馆，如西安高陵的关中农耕文化博物馆、湖北保康的尧治河农耕文化博物馆、湖南的耒阳农耕文化博物馆、宁夏固原的西北农耕文化博物馆、广西贺州的族群文化博物馆等。

当然，随着旅游休闲文化公司的涌现也出现了一批农耕文化体验园，这些场所都可以成为青年大学生开展劳动教育社会实践的选择。通过劳动场景教育，也能提升和锤炼青年大学生观察、好奇、想象、判断、评价、创新等人工智能时代不可复制的关键能力。

劳动能否托起"中国梦"取决于全社会对辛勤劳动的尊重程度，对和谐劳动的肯定程度，对创造性劳动的发扬程度。中国传统农业不仅是一个产业，更是集经验、文化、智慧等为一体的集合性存在。多种途径推动优秀农耕文化的传播与弘扬，是中华民族文化自信的重要表现，也是开展劳动教育的重要途径，广大教育工作者要深入研究中华农耕文化的劳动教育价值，通过有效的教育活动让青年大学生们怀揣奋斗精神、诚实品质、创造潜能，凝聚成伟大"中国梦"的圆梦者。

素养提升

为培养担当民族复兴大任的时代新人，习近平总书记在全国教育大会上指出，"要在学生中弘扬劳动精神、教育引导学生崇尚劳动、尊重劳动，懂得劳动最光荣、最崇高、最伟大、最美丽的道理。"习近平总书记的重要讲话引起了社会各界的广泛关注和讨论。如何科学认识新时代大学生劳动教育的内容和层次，如何在大学生中开展有效的劳动教育成为教育理论界关注的焦点问题。中华农耕文化是我国劳动人民在长期的农业劳动中积淀的一种特殊文化形态，蕴含着丰富的劳动教育资源，推动中华农耕文化融入大学生劳动教育具有重要的现实意义。

中国农民丰收节

"中国农民丰收节"（图1-3），是第一个在国家层面专门为农民设立的节日，于2018年设立（国函〔2018〕80号），节日时间为每年"秋分"。设立"中国农民丰收节"，将极大调动亿万农民的积极性、主动性、创造性，提升亿万农民的荣誉感、幸福感、获得感。举办"中国农民丰收节"可以展示农村改革发展的巨大成就，同时，也展现了中国自古以来以农为本的传统。

中国农民丰收节

将秋分定为"中国农民丰收节"基于这几点考虑：从节气上看，春种秋收、春华秋实，秋分时节硕果累累，最能体现丰收。秋分作为二十四节气之一，昼夜平分，秋高气爽，既是秋收、秋耕、秋种的重要时节，也是稻谷飘香、蟹肥菊黄、踏秋赏景的大好时节。从区域上看，我国地域辽阔、物产丰富，各地收获时节有所不同，但多数地方都在秋季，秋收作物是大头。所以，兼顾南北方把秋分定为"中国农民丰收节"，不仅便于城乡群众、农民群众参与，也利于展示农业的丰收成果，具有鲜明的农事特点。从民俗上看，我国十几个少数民族都有庆祝丰收的传统节日，如畲族的丰收节、藏族的望果节、彝族的火把节，大多都在下半年。在国家层面设立一个各民族共同参与、共庆丰收的节日，有利于促进中华民族大家庭的和睦团结和发展。

"中国农民丰收节"是第一个在国家层面专门为农民设立的节日。设立一个节日，由中央政治局常委会专门审议，这是不多见的，充分体现了以习近平同志为核心的党中

图1-3　2021年"中国农民丰收节"

央对"三农"工作的高度重视，对广大农民的深切关怀，是一件具有历史意义的大事，也是一件蕴涵人民情怀的好事。

众所周知，秋分是中国农历二十四节气中第十六个节气，恰好是从"立秋"到"霜降"这90天的一半。秋分时节，风和日丽，丹桂飘香，蟹肥菊黄，正是一派瓜果飘香谷满仓的丰收景象。传统意义上，秋分既是秋收冬藏的终点，更是春耕夏种的起点，正如中国华北地区的一句农谚所言："白露早，寒露迟，秋分种麦正当时。"因而，国家将每年的秋分设立为"中国农民丰收节"，既是对传统二十四节气这种古人智慧结晶的致敬与传承，同时，又体现了当代中国人知晓自然更替、顺应自然规律和适应可持续的生态发展观。

"中国农民丰收节"的设立，不仅具有当代意义，其文化传承意味更加浓厚。一方面，对于有着数千年农业文明的古老中国而言，这个节日的设立极具仪式感：春种秋收，春华秋实，一年的辛勤耕耘，金秋时节硕果累累，最能体现丰收的喜悦；另一方面，更是当代人准确把握时节规律，用现代思维点缀传统文明的一种上佳表现，将每年的农历秋分设立为"中国农民丰收节"，节气时令"摇身一变"，成了具有鲜活现代感的重要节日，这从某种程度上，恰是传统文化有机融入现代生活的一种契机与自然而然。

知稼穑明人生

农耕中学习劳动精神

从耕读教育的具体目标来看，我们要开展的耕读教育不仅包括耕作技术知识和劳动技能的教育，更重要的是对广大青年学生进行马克思主义劳动观教育，要以丰富多样的教育形式和教育活动，引导学生树立马克思主义劳动观，从而实现增智、树德、促创新的价值目标。中华农耕文化是中华民族在漫长的农耕时代所形成和传承下来的文化成果与精神财富，现存的农耕文化承载场所包括农耕文化博物馆、农耕文化展览馆、农耕文化体验园等，具体的农耕文化载体包括农具、农家节气、农谚等。中华农耕文化蕴含着无法替代的劳动教育资源，是我们开展劳动教育的重要宝库。

首先，中华农耕文化蕴含着辛勤劳动的奋斗精神。人类的生产劳动作为调节人和自然关系的感性活动，是显现和外化人的本质力量的活动。农耕文化的产生在很大程度上体现为一系列劳动工具的使用，这是中华民族在农业生产实践中不懈奋斗的具体体现。在孕育农耕文化萌芽的采集经济时代，我们的祖先打制了石磨盘和切割野生谷物的石刀等，后来陶文化的产生则是定居农耕文化的伴生物。当然，随着社会的不断发展和进步，传统的农耕方式已经被改变，农耕时代的生产工具逐渐被机械化的新农具所取代，但是，无论是手工打制的石制工具，还是机械化生产出来的现代农具，无不展现出华夏人民在生产劳动中所蕴含的奋斗之美。从采集、渔猎到农耕种植，华夏先民利用良好的自然条件，开创了精耕细作的中华农耕模式，这是人类生活史上的飞跃，也是人类适应

自然能力和力量的极大提升。

其次，中华农耕文化蕴含着和谐劳动的生态智慧。我们在感叹祖先利用自然、改造自然的勤劳与智慧时，更要对源远流长的农耕文明生出几分敬畏。在漫长的农耕时代，传统的农耕方式是以遵循自然法则，维护农作物和家禽、家畜等与环境的统一性为基础的。传统的农耕方式保护并改善了原有的自然条件，也为物质再生产和精神再生产提供了支撑。有学者提出，农耕文明是一种善的文明，顺应天命、辛勤劳作、艰苦朴素和宽以待人是其本质。因为中国传统农业哲学强调天、地、人三位一体、交互作用，这是中国古代宇宙观的基本内核，它对于农业生产的指导作用也体现了劳动应遵循的和谐之美，这种和谐之美伴随着人的本质力量的升华，也逐渐从人与自然的关系不断扩大到人与人、人与社会的关系。

最后，中华农耕文化蕴含着劳动人民的创新精神。在长期的观察和尝试之后，人类从采集食物到进行农业生产，在这一过程中，人的能动性、创造性大大增强。源远流长的中华农耕文化闪耀着我国劳动人民的无穷智慧和伟大创造力。中华农耕文化对世界农业的贡献有目共睹：世界三大农作物之一的水稻，是华夏先民首先驯化、培育并传播到世界各地的；世界灌溉工程遗产名录，我国有17处入选，占了全世界名录的四分之一；起源于黄河流域的二十四节气，深刻地揭示了四季轮回的客观规律，成为农耕时代社会生产、生活的时间指南；看物识天气，观物测收成，包罗万象的农谚是农民生产经验的总结。在科学技术不太发达的农业时代，农谚对于农业生产具有重要的指导作用。

◉ 耕读学思 ◈

我国是一个农业大国，农耕文化历史悠久，天人合一、取物有时等传统农耕理念集合儒家文化及各类宗教文化于一体，是中华文化传统的重要组成部分，不少地方还保留着传统的农耕文化的习俗。自2018年起，我国将每年农历秋分设立为"中国农民丰收节"。"白露早，寒露迟，秋分种麦正当时。"秋分不仅是秋耕秋种的重要时节，更是秋获的好时机。从国家层面专门为农民设立各民族共同参与、共庆丰收的节日，顺应了新时代的新要求、新期待。"中国农民丰收节"被赋予了新的时代内涵，是文明延续融合的鲜明符号。

思考：国家设立"中国农民丰收节"对建设中国特色社会主义有哪些意义？

项目二　中国传统农业

项目导航

　　农业是文明孕育和发展的基础，不同的农业发展阶段哺育出不同的文明形态。传统农业被描述为"循环式"农业，因为它充分利用人们丢弃的有机质废物，返回农田。传统农业之所以能循环利用资源，是由于古代关于天、地、人的"三才"思想在农业上的运用。

知识结构

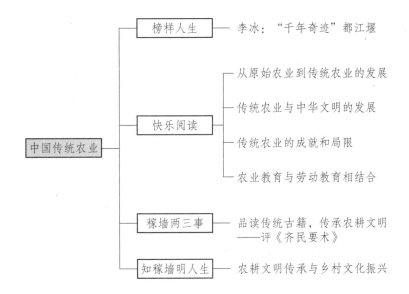

中国传统农业

- 榜样人生 —— 李冰："千年奇迹"都江堰
- 快乐阅读
  - 从原始农业到传统农业的发展
  - 传统农业与中华文明的发展
  - 传统农业的成就和局限
  - 农业教育与劳动教育相结合
- 稼墙两三事 —— 品读传统古籍，传承农耕文明 ——评《齐民要术》
- 知稼墙明人生 —— 农耕文明传承与乡村文化振兴

学习目标

【知识目标】

1. 了解中国传统农业的发展历程。

2. 了解传统农业与中华文明的发展历程。

3. 熟悉传统农业的成就和局限。

【能力目标】

1. 能够概括地叙述中国传统农业的发展历程和特点。

2. 能够与同学分享农业教育和劳动教育相结合的观点。

【素养目标】

能够认识到随着经济水平的发展，农耕的方式也在变化。致力于为提高生产力水平、提高农业生产的产量和产能贡献青年力量。

榜样人生 ●

李冰："千年奇迹"都江堰

都江堰是一项超级水利工程，由两千年前的李冰父子建造。都江堰由分水鱼嘴、飞沙堰、宝瓶口等部分组成。在使用的两千多年来，都江堰都一直发挥着防洪灌溉的作用，也正是因为它的存在，才使得成都平原成为富庶丰饶、沃野千里的"天府之国"。到今天为止，都江堰的灌溉区已达到了30余县市，受都江堰水利浇灌的土地面积近千万亩①。

都江堰是全世界迄今为止，年代最为久远，唯一完整留存，并且至今一直在使用，以无坝引水为其最显著特征的宏大水利工程。都江堰凝聚着中国古代劳动人民的勤劳与科学，是当时人们智慧的结晶。

这样一座造福百姓的超级大工程，是如何运作，又是如何进行水利调节的呢？

成都平原位于我国的内陆，但是成都平原地势广大开阔又四周环山，所以，成都平原的天气就会出现两个极端：雨季时，岷江洪水泛滥，整个成都平原都会变为一片汪洋；旱季时，成都平原的土地因缺水而干裂。战国时期，秦国经历商鞅变法后，一时间人才辈出，在这样的情况下，当时的统治者下令修建了都江堰，这才有了造福成都百姓的水利工程。

依据当时成都平原的自然情况，修建都江堰必须具备防洪和灌溉两个最重要的功能。

岷江是长江水量最为充沛的一条支流，同时，成都平原的地势向东南方倾斜，所以，岷江就像是悬在整个平原之上的河流。在都江堰建造的地区一直到成都平原的内部，两地的落差竟然高达273米，所以，这样一条"悬河"对于成都平原来说，每逢雨季就会变得十分危险。

如果合理利用岷江这条河，那么成都平原旱季时期的干旱就可以得到有效的解决。于是，建造者在合理配置水资源上动了脑筋，并且利用都江堰实现了他们的想法。

都江堰工程修建的整体规划就是，将岷江的水分流成为两条，其中一条水流引入成都平原，另一条则主要起到疏散的作用，将多余的江水引入主支，离开成都平原。这样做不仅可以缓解当地的旱灾，还可以避免发生水灾。

都江堰的主体修建工程主要内容包含分水鱼嘴、宝瓶口、飞沙堰三部分。

这三项工程最早进行修建的是宝瓶口。宝瓶口在都江堰工程中起到了相当于"节制闸"的作用，它可以自动控制进入内江的水量。

---

① 1亩≈666.7平方米。

　　李冰父子在修建之前先找到了当地有过治水相关经验的居民，和他们一起勘察附近的地形及水况，在一群人的商议之下，所有人一致决定凿穿玉垒山进行取水。他们利用火将石头烤裂，成功将玉垒山炸出一个宽20米、高40米、长18米的山口。由于它的形状很像一个瓶口，所以他们给这个山口取名为宝瓶口。而那些因开凿玉垒山而分离出的石堆，就被称作离堆。

　　将玉垒山成功打通后，岷江的水流顺利通过宝瓶口进入了东边的旱区，利用岷江充沛的河水进行农业生产，灌溉良田。这样，不仅即刻缓解了平原西部洪水泛滥的问题，同时将水合理东引，又造福了东部的旱区，可谓是一举两得。

　　宝瓶口正式修建完成投入使用后，紧接着建造者开始了第二项重大的工程——分水鱼嘴。顾名思义，分水鱼嘴的作用就是将水进行分流，更好地发挥都江堰的作用。这个分水堰的前端形状与鱼的头部，尤其是嘴巴部分十分相像，所以，给这个分水堰正式取名分水鱼嘴。修建分水鱼嘴是因为，虽然宝瓶口已经起到了分流及灌溉的作用，但是由于江东的地势过高，导致江水很难流进宝瓶口内。即使流进宝瓶口内，江水的流量也会因为地势而变得极其不稳定，这样都江堰的调节作用就大打折扣了。于是，建造者便修建了分水鱼嘴，用来弥补这一不足。

　　"鱼嘴"其实就是一个分水堰，可以通过地形，将江水分成两支，东边的那支江水称为内江，会被迫进入宝瓶口，成为东部的灌溉用水；西边的水流被称为外江，它们则会顺着岷江流下，汇入岷江的正流。由于内江又窄又深，而外江却又宽又浅，在水位下降的旱季，将近60%的水都会汇入内江，而这些水则会成为在成都平原生活的人们日常的生活用水。当雨季到来，岷江水势凶猛发生洪水，水位升高时，大部分的江水就会顺着岷江较宽的江面流走。人们将这项设计称为"四六分水"。

　　由于仅仅依靠宝瓶口远远不足以达到控制岷江江水的目的，所以，为了实现更好的抗洪减灾的目的，修建者又修建了飞沙堰。

　　首先，他们在宝瓶口修建了一个平水槽和一个溢洪道。在控制洪水泛滥的溢洪道前修建了一个弯道，让江水可以在此处形成一个环流。当雨季洪水泛滥、水位上涨时，江水就会没过堰顶，此时，夹带泥沙的洪水就会顺着水流流向外江，从而实现保证成都平原灌溉区域不会被洪水淹没的目的。

　　其次，当泥沙和石头经过飞沙堰时，会遇到因水流转动形成的漩涡，此时，由于离心力的作用，它们会被抛过飞沙堰，也正因为这样，它才被取名为飞沙堰。这样，就在很大程度上减少了宝瓶口周围的泥沙堆积，保证宝瓶口可以终年不停地工作运行。为了观测与控制内江的水量，李冰又雕刻了三个石桩人像放在水中，并以它们为依据来确定水位的高低，同时，也作为最小水量时的清淤标准。

　　宝瓶口、分水鱼嘴及飞沙堰三大主体工程组成了完整的都江堰，并且三个主体相辅相成，共同成为成都平原的一大屏障，协调了岷江的水资源，保证了岷江水资源的平衡，保护了成都平原人民的生命财产安全，并且维持了千年之久。

　　历时八年修建的都江堰为成都人民带来了福音，改善了成都平原一直以来的水旱灾害，成都平原从之前的"颗粒无收"，变成了现在的"天府之国"，都江堰功不可没。

📖 **快乐阅读** ●

一、从原始农业到传统农业的发展

1. 原始农业

中国农业有着悠久的历史。农业起源于没有文字记载的远古时代，它发生于原始采集狩猎经济的母体之中。在我国的古史传说中有所谓的"神农氏"之说。据说在神农氏之前，人们吃的是爬虫走兽、果菜螺蚌，后来人口逐渐增加，食物不足，迫切需要开辟新的食物来源。神农氏为此遍尝百草，备历艰辛，多次中毒，又找到了解毒的办法，终于选择出可供人们食用的谷物。接着又观察天时地利，创制斧斤耒耜，教导人们种植谷物。于是农业出现了，医药也便产生了；同时，人们还掌握了制陶和纺织的技术。这种传说是农业发生和确立的时代留下的史影。

现代考古学为我们了解我国农业的起源和原始农业的状况提供了丰富的新资料。目前，已经发现了成千上万的新石器时代原始农业的遗址，遍布在从岭南到漠北、从东海之滨到青藏高原的辽阔大地上，尤以黄河流域和长江流域最为密集。

著名的有距今七八千年的河南新郑裴李岗和河北武安磁山以种粟为主的农业聚落，距今七千年左右的浙江余姚河姆渡（图 2-1）以种稻为主的农业聚落，以及稍后出现的陕西西安半坡遗址等。近年又在湖南澧县彭头山、道县玉蟾岩、江西万年仙人洞和吊桶岩等地发现距今上万年的栽培稻遗存。由此可见，我国农业起源可以追溯到距今一万年以前，到了距今七八千年，原始农业已经相当发达了。

图 2-1 浙江余姚河姆渡遗址复原

从世界范围看，农业起源中心主要有西亚、中南美洲和东亚 3 个。东亚起源的中心主要是中国。中国原始农业具有以下明显特点。

在种植业方面，很早就形成北方以粟黍为主、南方以水稻为主的格局，不同于西亚以种植小麦、大麦为主，也不同于中南美洲以种植马铃薯、倭瓜和玉米为主。中国的原始农具，如翻土使用的手足并用的直插式的耒耜（图 2-2），收获使用的掐割谷穗的石刀，也表现了不同于其他地区的特色。

在畜养业方面，中国最早饲养的家畜是狗、猪、鸡和水牛，以后增至所谓"六畜"

图 2-2　直插式的耒耜

（马、牛、羊、猪、狗、鸡），不同于西亚很早就以饲养绵羊和山羊为主，更不同于中南美洲仅知道饲养羊驼。中国是世界上最大的作物和畜禽起源中心之一。我国大多数地区的原始农业是从采集渔猎经济中直接发生的，种植业处于核心地位，家畜饲养业作为副业存在，随着种植业的发展而发展，同时，又以采集狩猎为生活资料的补充来源，形成农牧采猎并存的结构。这种结构导致比较稳定的定居生活，与定居农业相适应，猪一直是主要家畜，较早出现圈养与放牧相结合的饲养方式；游牧部落的形成较晚。同时，我国又是世界上最早养蚕缲丝的国家。总之，中国农业是独立起源、自成体系的。中华文明建立在自身农业发展的基础之上，一度流传的所谓"中华文明西来说"不符合历史实际。

从中国自身的范围看，农业也并非从一个中心起源向周围扩散，而是由若干源头发源汇合而成的。黄河流域的粟作农业，长江流域的稻作农业，各有不同的起源；华南地区的农业则可能是从种植薯芋类块根、块茎作物开始的。即使同一作物区的农业也可能有不同的源头。在多中心起源的基础上，我国农业在其发展的过程中，基于各地自然条件和社会传统的差异，经过分化和重组，逐步形成不同的农业类型。这些不同类型的农业文化成为不同民族集团形成的基础。中国古代农业是由这些不同地区、不同民族、不同类型的农业融汇而成的，并在它们的相互交流和碰撞中向前发展，这种现象可以称为"多元交汇"。

2. 传统农业

传统农业以使用畜力牵引或人力操作的金属工具为标志，生产技术建立在直观经验的基础上，而以铁犁牛耕为其典型形态。我国在公元前 2 000 多年前的夏朝进入阶级社会，黄河流域也逐步从原始农业过渡到传统农业。从那时起，我国农业逐步形成精耕细作的传统，以此为基本线索，可以将中国传统农业划分为以下几个阶段。

（1）夏、商、西周、春秋是精耕细作的萌芽期，黄河流域的沟洫农业是其主要标志。这是中国历史上的青铜时代，青铜农具尤其是开垦使用的青铜钁和中耕使用的钱

（青铜铲）与镈（青铜锄）逐步应用于农业生产，但仍大量使用各种木、石、骨、蚌农具，尤其是木质耒耜仍然是主要耕播工具。人们较大规模地在河流两岸的低平地区开垦耕地，为防洪排涝建立起农田沟洫体系。与此相联系，垄作、条播、中耕技术出现并获得发展，选种、治虫、灌溉等技术也已萌芽，休闲制逐步取代了撂荒制。

为了掌握农时，人们除继续广泛利用物候知识外，又创造了天文历。使用耒耜挖掘沟洫导致两人协作的耦耕（图 2-3）成为普遍的劳动方式。沟洫和与之相联系的田间道路将农田区分为等积的方块，为井田制的实行提供了重要的基础。耒耜、耦耕和井田制三位一体，成为中国上古农业和中国上古文明的重要特点。

但是，这一时期农田的垦辟仍然有限，耕地主要集中在各自孤立的城邑的周围，

图 2-3　耦耕

稍远一点就是荒野，可以充作牧场，所以，畜牧业有较大的发展空间。未经垦辟的山林川泽还很多，从而成立了这一时期特有的以保护利用山林川泽天然资源为内容的生产部门——虞衡。人工养鱼和人工植树产生了，还出现了园圃的萌芽和开始饲养水禽（鸭、鹅）。

这一时期，我国北部、西部和东部某些地方出现了游牧部落，最先强大起来的是被称之为西戎的游牧或半游牧部落群，他们由甘青地区向中原进攻，迫使周王室从镐（今陕西西安西南）迁到洛邑（今河南洛阳），形成"华夷杂处"，即农耕民族与游牧民族错杂并存的局面。总的来说，这一阶段的农业虽然还保留了它所有脱胎的原始农业的某些痕迹，但在工具、技术、生产结构和布局方面都有很大的进步和变化，精耕细作技术已在某些生产环节中出现。

（2）战国、秦汉、魏晋南北朝是精耕细作技术成型期，主要标志是北方旱地精耕细作体系的形成和成熟。我国大约从春秋中期开始步入铁器时代，奴隶社会也逐步过渡到封建社会，并在秦汉时期形成中央集权制的统一帝国。全国经济重心在黄河流域中下游。铁农具的普及和牛耕的推广引起生产力的飞跃，犁、耙、耱、耧车、石转磨、翻车、扬车等新式农具纷纷出现，黄河流域获得全面开发，大型农田灌溉工程相继兴建。铁器的普及使精耕细作技术的发展获得新的坚实的基础。连种制逐步取代了休闲制，并在这基础上形成灵活多样的轮作倒茬方式。

以防旱保墒为中心，形成了"耕—耙—耱—压—锄"相结合的旱地耕作体系。施肥改土受到了重视，传统的品种选育技术臻于成熟，农业生物技术也有较大发展。中国传统历法特有的二十四节气形成，传统指时体系趋于完善。粮食作物、经济作物、园艺作物、林业、畜牧、蚕桑、渔业等均获得全方位发展。

北方草原骑马民族崛起，进入中原的"戎狄"却融合于农耕民族，形成了大体以长城为分界的农区与牧区分立对峙的格局。在分裂时期的魏晋南北朝，北中国农业生产由

于长期战乱受到破坏，南方的开发却由于中原人口的大量南移进入新的阶段，精耕细作传统没有中断，各地区各民族农业文化的交流在特殊条件下加速进行。

作为丰富的农业实践经验的总结，这一时期先后出现了《吕氏春秋·任地》《氾胜之书》及《齐民要术》等杰出农学著作。

（3）隋、唐、宋、辽、金、元是精耕细作的扩展期，主要标志是南方水田精耕细作技术体系的形成和成熟。建立在南方农业对北方农业历史性超越基础上的全国经济重心的南移，是中国封建时代经济史上的一件大事，它肇始于魏晋南北朝，唐代是重要转折，至宋代进一步完成。"灌钢"技术的流行提高了铁农具的质量，江东犁（曲辕犁）的出现标志着中国传统犁臻于完善，水田耕作农具、灌溉农具等均有很大的发展。

在这基础上，水田耕作形成"耕—耙—耖—耘—耥"相结合的体系。这一时期南方小型水利工程星罗棋布，太湖流域的塘浦圩田则形成体系，梯田、架田、涂田等新的土地利用方式逐步发展起来。复种虽然在这以前已零星地出现，但直到宋代才有了较大的发展，其标志是南方（主要是长江下游）水稻和麦类等"春稼"水旱轮作一年两熟制度的初步推广。通过施肥来补充和改善土壤肥力也被进一步强调。

农作物品种，尤其是水稻品种更加丰富。农业生产结构也发生了重大变化。水稻跃居粮食作物首位，小麦也超过粟而跃居次席，苎麻地位上升，棉花传入长江流域。茶树、甘蔗等经济作物也有发展。传统农区和半农半牧区的大牲畜饲养业由极盛而渐衰，但猪、羊、家禽饲养仍有发展，耕牛继续受重视，养鱼业有新的发展。这一时期农业科技发展的

古代农书

新成就、新经验也得到了总结，陈旉的《农书》和王桢的《农书》《农桑辑要》是其代表作。

明清是精耕细作的深入发展时期，主要特点是适应人口激增、耕地吃紧的情况，土地利用的广度和深度达到了一个新的水平。由于封建地主制的自我调整，明清封建经济继续发展，并孕育着微弱的资本主义萌芽。

国家统一、社会空前稳定、精耕细作技术的推广等因素促进了农业生产的发展，为人口的增长提供了必要的物质基础，而人口的空前增长又导致了全国性的耕地紧缺，以致在粮食单产和总产提高的同时，每人平均占有粮食数量却呈下降趋势。为了解决食物问题，人们一方面千方百计开辟新的耕地；另一方面致力于增加复种指数，提高单位面积产量，

土地利用的智慧

更充分地利用现有农用地。内地荒僻山区、沿江沿海滩涂、边疆传统牧区和少数民族聚居地区成为主要垦殖对象。传统农牧分区的格局发生了重要的变化。在耕地面积有了较大增长的同时，也造成了对森林资源和水资源的破坏，加剧了水旱灾害。

本时期江南地区的稻麦两熟制已占主导地位，双季稻的栽培由华南扩展到华中，南方部分地区还出现了三季稻栽培。在北方，两年三熟制或三年四熟制已基本定型。为了适应这些复杂、多层次的种植制度，品种种类、栽培管理、肥料的机制和施用等技术均有发展。低产田改良技术有了新的创造。

在江浙和广东某些商品经济发达地区，出现陆地和水面综合利用，农—桑—鱼—畜紧密结合的基塘生产方式（图2-4），形成高效的农业生态系统，但农业工具却甚少

改进。原产美洲的玉米、甘薯、马铃薯等高产作物的引进和推广，为我国人民征服贫瘠山区和高寒山区，扩大适耕范围，缓解民食问题做出重大贡献。棉花在长江流域和黄河流域的推广，引起了衣着原料划时代的变革。花生和烟草是新引进的两种经济作物，甘蔗、茶叶、染料、蔬菜、果树、蚕桑、养鱼等生产均有发展，出现了一些经济作物集中产区和商品粮基地，若干地区间形成了某种分工和依存关系。

这一时期，总结农业生产技术的农书很多，大型综合性农书以《农政全书》《授时通考》为代表，地方性农书如《补农书》《知本提纲》等具有很高的价值，代表了我国传统农业科学技术的最高水平。

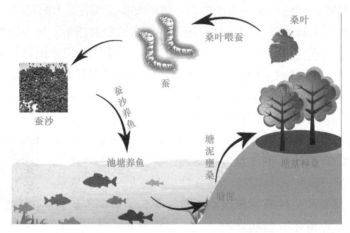

桑叶
桑叶喂蚕
蚕
蚕沙养鱼
蚕沙
池塘养鱼
塘泥壅桑
塘泥
塘基种桑

中国农业三大标志性成果：水稻、茶叶、蚕桑

图 2-4　桑基鱼塘生态模式

二、传统农业与中华文明的发展

传统农业之所以能循环利用资源，是由于古代关于天、地、人的"三才"思想在农业上的运用。孟子说："苟得其养，无物不长；苟失其养，无物不消。"即指用和养要平衡。"三才"是哲学，也是宇宙观，贯穿于古代政治、经济、道德、伦理之中，应用于指导农业生产，是一种合乎生态原理的思想。严格地说，不是"三才"指导农业，而是原始农业孕育出"三才"。

原始人在漫长的采猎实践过程中，一再反复地发现无论采集或狩猎，都要取之有度、用之有节；否则，会遭到挨饿和各种灾害的惩罚。原始人将周围的动植物甚至非生命的山岩、流水都视为自己的同胞兄弟姐妹。印第安人对此有很生动的描述："总统（指美国前总统富兰克林）从华盛顿捎信来说，想购买我们的土地，但是……我们熟悉树液流经树干，正如血液流经我们的血管一样。我们是大地的一部分，大地也是我们的一部分。芬芳的花朵是我们的姐妹，麋鹿、骏马、雄鹰是我们的兄弟，山岩、草地、动物和人类全属于一个家庭……如果我们放弃这片土地转让给你们，你们必须记住，这如同空气一样，对我们所有人都是宝贵的……你们会教诲自己的孩子，就如同我们教诲自己的孩子那样吗？即土地是我们的母亲，土地所赐予我们的一切，也会赐予我们的子孙。我们知道，人类属于大地，而大地不属于人类……人类所做的一切，最终会影响到这个网，也影响到人类本身。因为降临到大地上的一切，终究会降临到大地的儿女们身上……""三才"思想正是在这种朴素的人与万物融合不分的基础上抽象出来的。

传统农业是与封建社会相始终的，随着传统农业的发展，"三才"思想在封建社会里得到进一步充分的发挥，如春秋战国是传统农业全面推进的第一个高峰，二十四节气和七十二物候的形成，铁农具和畜力的应用，大兴水利灌溉，实行精耕细作，园圃、畜牧、养蚕等多业并举，也正是文化上百家争鸣的灿烂时期。

秦汉大统以后，封建社会完成其金字塔式的框架结构，所谓"天、地、君、亲、师"。原始社会里人人平等、无分贵贱，封建社会将人划分为君、亲、师。君处于封建金字塔的顶端，代表天地的意志，发号施令，是最高的权威；亲代表传宗接代，核心是孝，"不孝有三，无后为大"，因为传统农业是以一家一户为生产单位，人是绝对地依赖土地，人丁兴旺，生活有改进，老人有保障，社会不负责养老；师既是社会精神文化遗产的继承者兼创造者，又是下一代成长的文化教导传授者。这是一种稳固、静态的结构，虽然两千多年中屡遭破坏和改朝换代，但是一旦新王朝建立，这种模式很快会恢复。

由于种植水稻需要大面积的水塘，而中国东南省份却多丘陵而少适宜种植水稻的平原地形，为了解决粮食问题，自秦汉时期起，移民至东南省份的农民构筑了梯田，用一道道的堤坝涵养水源，使在丘陵地带大面积种植水稻成为可能，解决了当地的粮食问题。但是梯田的种植对于人力的消耗相比平原要高出很多，而产量没有任何优势，而且对于丘陵地带的植被破坏很严重，所以，这一耕作方式逐渐被淘汰，现时只为旅游景点。

随着人口压力不断加重，人均土地下降，传统农业难免被迫走上围湖造田，开发山区（特别是明朝，在玉米、甘薯引入之后）的道路，这种方式超越了环境负载力，重现原始农业后期森林破坏和水土流失的覆辙。当然，问题不全在于人口压力，封建上层对农业和农民的横征暴敛、追索无度，也是破坏用养平衡的极大因素。当人们以惊异的目光啧啧称羡出土文物和地下宫殿的美轮美奂时，能有多少人会想到当时农民所付出的沉重劳役和生命血汗代价？

中国古农书从西汉的《氾胜之书》到清末杨双山的《知本提纲》，讲述的始终是"三才"和阴阳五行理论，"三才"思想至此与现实脱离，已无能为力了。农业的不断衰败，迎来西方的实验农学。面对西方文明的冲击，中国掀起了"五四"运动反封建文化的高潮。

考古发掘表明，黄河流域的黍粟农业和长江流域的稻作农业是同步起源的。这与距今 8 000 年前全新世气候转暖，北方气温较现今平均高 2.3 ℃有关，那时的黄河流域无论植被、湖泊、雨量都很充足，黄土轻松肥沃，易于开垦。交通方面，从东欧到蒙古高原的北半球高纬度地带，是连片大草原的骑马民族游牧文化。两种文化都有其自身的特征，形成自己的文化圈。大西北的草原文化圈和黄河中下游的农耕文化圈不是绝对的隔离，相反，却有频繁的渗透、转化，扩大或缩小。一旦交流断绝，文化也必停滞不前，这是历史一再证明的规律。

课堂故事

433年前的万历十六年，浙江嘉善人袁黄以进士出任宝坻知县，他的《了凡四训》享誉后世。他在宝坻开创了水稻种植的先河，成为天津历史上改种水稻的先驱。

据《畿辅通志》记载：从富庶的江南来到濒临渤海的宝坻，袁黄看到这里地势低洼、土地盐碱化、水灾频繁、百姓贫困潦倒。站在凹凸不平的地块上，看着只生长适应性强的水稗草和芦苇，到处都是人们眼中一文不值的荒废地。袁黄思索改变百姓贫穷的治本之策，经过多次实地考察，他觉着这些海水上溯和浸泡的大片盐碱湿洿土地，完全可以改造成为江南那样能生长水稻的良田。

袁黄选定了离城几十里远的小甸村做试验，亲自教引百姓挖沟通河，调埝作田，并制作各种灌溉和排水设施。水田开成后，他根据家乡种稻的经验，手把手教给百姓育苗、插秧和中后期管理。公暇得便，还常常来村指导。到了金秋时节，稻田中结满了黄澄澄的稻穗，这使小甸村民欣喜若狂。袁黄教会他们种稻，给这个村子贫穷的百姓开启了一条新生路。百姓为了感激袁黄，把村子的名字小甸专门加了三点水，他们要告诉世世代代的儿孙们，记住袁黄。小甸村村民专门为袁黄雕刻了石碑永志纪念。

在盐碱地上种植水稻成功后，袁黄编写出了天津地区第一部农业专著《宝坻劝农书》，被后世称为最全面的州县级农学书，在中国农学史上占有重要地位。《宝坻劝农书》刊出后，"民尊信其说，踊跃相劝"，带动了宝坻农业生产，使其呈现了前所未有的好势头，出现了有史以来的种稻高峰。

袁黄在宝坻倡导和践行种水稻，被称为南稻北种，由此，袁黄也成为天津种稻"第一人"。一粒稻种填得天下粮仓满，饱食者当常忆先人。

三、传统农业的成就和局限

1. 传统农业的成就

（1）可持续发展。先秦时期人们心目中的山林川泽与人的关系是相互依存、共同服从于生态规律的关系。自从农业产生以来，农业所需的耕地来自毁林，从此人类走上毁林扩大耕地的道路。人们从反复的实践中认识到对森林及其资源的正确利用，即所谓"用养结合"的重要性和必要性。

先秦古籍中充满了保护山林川泽、"以时禁发"（禁指禁止，发指开放）的告诫和法令。如孟子说："数罟不入洿池，鱼鳖不可胜食也。斧斤以时入山林，材木不可胜用也。"（不用细密的网捕鱼鳖，鱼鳖永远有得吃。按季节定时进山砍伐树木，木材永远有得用。）（《孟子·梁惠王上》）

管仲提出"为人君而不能谨守其山林、菹泽、草莱，不可以为天下王"（《管子·治国第四十八》）。管仲归纳人君治国有"五事"，其中第一事即是山泽保护"山泽不救于火，草木不植成，国之贫也"（《管子·立政第四》）。管仲认为自然界中人和动植物之间的相互平衡，是客观的规律："人民鸟兽草木之生物虽甚多，皆有均焉（均即平衡），而未尝变也，谓之则（原则）。"（《管子·七法》）

荀子继承了管仲的环保思想，发展为"制天命而用之"的思想（《荀子·天论》），即指在遵守自然规律的前提下，利用自然资源的积极思想。其典型的论点是，"草木荣华滋硕之时，则斧斤不入山林，不夭其生，不绝其长也。鼋鼍、鱼鳖、鳅鳣孕别之时，罔罟、毒药不入泽，不夭其生，不绝其长也……污池渊沼川泽，谨其时禁，故鱼鳖优多，而百姓有余用也。斩伐养长不失其时，故山林不童，而百姓有余材也"（《荀子·王制》）。

继管子、孟子、荀子以后，吕不韦的《吕氏春秋》更系统记录了古代山林采伐、禁发的原则和法令。该书的"十二纪"按四季提出具体的以时禁发的标准。到汉代的《淮南子》里更完备地归纳了前人关于山林、川泽、生物资源保护和利用的要点。

与保护生物资源的理论相适应的是，历代政府也设有特定的机构和官员，负责山林川泽的保护和利用。其称呼因朝代而异，周代称虞衡（秦改称少府，三国称虞曹，唐宋在工部下设虞衡司，明清在工部下称虞衡清吏司，清末废除），类似现今的各级环保部门。虞是监督机构，衡是执行机构，各有一定的人员编制。配合虞衡职司的有一定的惩罚法令，如《周礼》规定庶民不植树的，死后不许用椁（椁是棺的外壳）。还规定："凡窃木者，有刑罚。""天之生物有限，人之用物无穷。若荡然无制，暴殄天物，则童山竭泽，何所不至！刑罚之施，至是不得不行。"

《国语》记载鲁宣公在夏天去泗水撒网捕鱼，大夫里革把鲁宣公的渔网割断了，并对鲁宣公讲了一套保护山林鸟兽和川泽草鱼的大道理，指出在夏季鱼儿产卵的时候捕鱼是"不教鱼长，又行网罟，贪无艺也"。鲁宣公听了，不但没有生气，反而虚心接受批评说："吾过（错）而里革匡（纠正）我，不亦善乎！（《国语·鲁语》）"鲁宣公还把破渔网保存起来，表示不忘里革的规谏。

资源环保部门的虞衡制度持续了近3 000年，为世界所罕见。遗憾的是，虞衡的执行只在秦汉以前较为正规，能发挥它既定的作用。秦汉以后，虞衡的职司不断缩小，唐宋以后迄明清，虞衡司只管理"帝王、圣贤、忠义、名山、岳镇、陵墓、祠庙有功德于民者，禁樵牧"，而"凡山场、园林之利，听民取而薄征之"。

虞衡的职司在秦汉以后之所以缩小，与整个封建制度改变有关。周代的各邦国都是天子所封，实际上所领的土地由诸侯国自理，属国君所有。国君都知道"山泽林盐，国之宝也"。保护自己的山泽林盐，也等于保护自己的国宝。此外，古时虽然各国都有滥伐森林的事例，但因为当时原始森林丰富，交通又不便，因此，破坏的程度还不严重，有了教训，便知道保护森林的重要性。

秦始皇统一全国以后，山林川泽的所有资源，都归天子一人所私有，其反而鞭长莫及。从汉至三国两晋南北朝，豪强望族侵占山林川泽之事，层出不穷，国家已经没有力量执行禁令。从南北朝至元代，历代统治者反而屡发诏令"罢山泽之禁""与民共之"。国家既然采取放任政策，森林的破坏遂加快进行，明、清两代还实行抽分竹木赋税，百姓采伐的竹木越多，政府抽分所得的竹木也越多，以至于所抽分的

竹木往往堆积朽坏。明代京师神木厂所积的大樟木之大，人骑马从这边经过，竟看不到另一边，可见其大。但这些大樟木因"风雨浸淋，已稍朽矣"，说明滥伐和浪费之惊人。

唐宋以后，全国经济文化重心南移，转向长江流域及其以南，森林的开发和农田开辟也从北方转向南方。浙江在越王勾践时期浙北的原始森林和浙中、浙南及福建、江西的原始森林连为一片，浙北原始森林的破坏转折期约始于东晋。随着政治重心南移，会稽成为东南重镇，经济生活各方面的需求，如耕地开辟、金属冶炼、建筑用材、薪炭采烧、林产采取、田猎烧山、自然灾害、战争破坏等，都以付出森林破坏为代价，其中影响最大又持久的是农田的开辟。从唐、宋、元到明，森林砍伐向浙中、浙南进行，到清代，绍兴（会稽）地区已经"无森林之可言了"。

（2）有机循环。传统农业的成就包括许多方面，如精耕细作、间作复种、因地制宜、品种多样化等。但如果从根本上概括，那最重要的就是对太阳能的循环利用了。

以水稻生产为例，人们从稻田里取走的稻谷和茎叶，经过人畜的食用，仍旧以粪尿的形态返回稻田，非常彻底。此外，如城镇居民的生活废物包括人粪尿、垃圾、商业手工业加工的有机下脚料等，都毫无例外地返回乡间农田。这种城乡有机物质的循环利用，大量见诸历代文献。倒如，南宋吴自牧《梦粱录·河舟》说杭州城里"更有载垃圾粪土之船，成群搬运而去"。南宋程泌的《富阳劝农》说："每见衢婺（衢州金华）之人，收蓄粪壤，家家山积，市井之间，扫拾无遗。故土膏肥美，稻根耐旱，米粒精壮。"江浙一带，到南宋时，城镇发展很快，人口激增，对粮食的需求量急增，随之便是肥料供应的紧张。所以，千方百计开辟肥源。历史上首次提到利用河泥作基肥的是在南宋，此后即一直延续不断。

明末清初，浙北杭嘉湖一带，因稻麦蚕桑并举，单位产量甚高，肥料不足问题非常突出，经营农业的地主都要千方百计去外埠、外地采购粪肥，这在《沈氏农书》里有详细的记载："在四月十月农忙之时，粪多价贱，当并工多买。其人粪必往杭州……至于谢桑，于小满边蚕事忙迫之日，只在近镇买坐坑粪，上午去买，下午即浇更好。"但鉴于"近来粪贵人工贵，载取费力……则猪羊尤为简便……"说明当时有机肥料的缺乏。后来为了肥料，不得不养猪和羊，养了猪羊，又促成了进一步的能量循环利用。

这种平原水网地区的农田生态平衡模式，并非局限于杭嘉湖地区，浙南的温州地区是把水稻（双季间作稻）、柑橘、菱、鱼和养猪等构成循环，以河泥加高柑橘墩，犹如浙北以河泥壅桑墩一样，其起源早在南宋时期。珠江三角洲一些地区则是把粮、桑、甘蔗、渔结合在一起，原理相同，不一一举例。

20世纪后期在江苏吴江、昆山、武进、太仓、宜兴、吴县、常熟等地调查，继承历史上桑基鱼塘的生态模式加以变化的农田生态系统，有"粮、林、畜、蚕、食用菌""粮油、蚕桑、蔬菜、猪羊""林、茶、猪羊、粮食"……共9种不同类型的农田生态系统。近年来，各地兴办的生态农场、生态园区等都是历史的继承和发展，反映了传统农业方面的顽强生命力。

对生态环境造成破坏的原因，大都来自对资源的过度开发、粗放使用。必须从资源利用这个源头抓起，着眼中华民族永续发展和伟大复兴，站在统筹推进"五位一体"总体布局高度，正确处理保护与发展关系，正确处理人与自然关系，全面提高资源利用效率。既要考虑资源利用与发展的关系，坚持节约优先，不断提高资源本身的节约、集约利用水平，满足经济社会发展合理需求；更要考虑资源利用涉及的人与自然关系，坚持生态保护优先，为资源开发利用划定边界和底线，控制人类向自然无度索取的不合理欲望，限制人们过度利用自然的不合理行为。

2. 传统农业的局限

如果将传统农业的局限性加以概括，那就是传统农业是以人力、畜力的耕作为主，大量的人力被束缚在土地上，无法摆脱出来。传统农业应付人口压力的办法，由于缺乏现代遗传学的理论指导和应用，不可能使用杂交育种等手段提高单产来增加总产量，只有通过扩大耕地面积的方法，虽然单产不高，却同样能达到增加总产量的目的。所以，我们从历史上看到的传统农业，尽管单产也有提高，却十分缓慢。

总之，就是通过在平原低地不断地围湖造田，在山区不停地毁林为田、人造梯田等方法，增加耕地面积，来增加总产量，以此缓解人口增长的压力和封建统治追索无度的剥削。传统农业自北而南的发展，是一个不断以开发森林湖泊资源为代价的过程，它在带来经济文化繁荣的同时，也造成一系列难以克服的问题。

唐宋以后，长江流域及其以南的人口开始超过北方，南方的开发加快。反映在南方县治的设置上，以浙江为例，秦始皇统一中国后，在浙江设置了 19 个县，其中 17 个县集中在浙北杭嘉湖和宁绍平原，这说明了那时浙中、浙南还处于森林未开发的状态。汉朝 400 年间只增设了两个县，司马迁所说的"楚越之地，地广人稀"是客观的反映。汉时关中地区的人口密度最高，每平方公里达 200 人以上，其余地方也有 100～200 人，而南方江浙一带，平均每平方公里不到 10 人，南方大部分地区都在 3 人以下。东汉至西晋年间，主要由于东吴的经营，掀起第一次建县高潮，增设了 26 个县，基本上达到今天的省境。唐朝是第二次建县高潮，共增设 10 个县，特点是新置县多在边缘地带。而宋朝 300 年间只增设两个县，主要是在已设的县内调整扩大。农业除在平原地区发展水稻外，还开始向各县山区发展梯田。明代 270 年间共增设 9 个县，半数在山区，半数在滨海。清代和民国时期新置了 8 个县，主要在海岛。可见县治的增设同政治经济的发展、人口的增加、森林的开发是同步进行的，以森林的不断缩小为代价。

江浙一带自唐宋以后，一直是北方政权的粮仓，从隋唐至明清，通过大运河的漕运，不知供应了北方政治中心多少万担的大米，南方的农业生产再也支撑不住了。封建社会到了后期，水利失修，自然灾害加重，饥荒频繁。明末徐光启的《农政全书》专辟"荒政"部，达 18 卷之多，几乎占全书篇幅的三分之一。从东汉至清的 1800 余年间，江浙共发生水旱灾 474 次，其中明清时期 305 次，占 64.3%。而太湖地区在吴越国的百余年里只发生水灾一次，南宋 150 余年间也只发生水灾一两次。围湖造田，在短时间里粮食生产大丰收，从"嘉湖熟，天下足"转到"两湖熟，天下足"，其实是不祥之兆，却常被视为正面成绩歌颂，更是刺激了滥围滥垦。两宋时期太湖被滥围以后，"旱则民田不占其利，涝则远近泛滥，不得入湖，而民田尽没……（《宋会要辑稿》食货 61 之 126）"；"苏、湖、常、秀（嘉兴），昔有水患，今多旱灾，盖出于此。（《宋史》食货志）"农民没有粮吃，只好寻找野菜充饥。《救荒本草》之问世，《农政全书》之设《荒政卷》，都是客观事实的反映。

素养提升

生态文明以尊重和维护自然为前提，以人与人、人与自然、人与社会和谐共生为宗旨，以建立可持续的生产方式和消费方式为内涵，以引导人们走上持续、和谐的发展道路为着眼点。生态文明是尊重自然、顺应自然、保护自然的理念，生态文明建设不仅影响经济持续健康发展，也关系政治和社会建设，必须放在突出地位，融入经济建设、政治建设、文化建设、社会建设各方面和全过程。

四、农业教育与劳动教育相结合

"劳动教育是新时代党对教育的新要求，是中国特色社会主义教育制度的重要内容，也是全面发展教育体系的重要组成部分。"重视并努力实现农业教育与劳动教育的紧密结合，是继承和弘扬马克思主义科学的劳动观与教育观的时代需要，是培养卓越"三农"人才的客观需要，也是服务农业农村现代化和乡村振兴战略的现实需要。

（1）农业教育与劳动教育相结合是继承和弘扬马克思主义劳动教育观的时代需要。"个人把自己和动物区别开来的第一个历史行动不在于他们有思想，而在于他们开始生产自己的生活资料。"马克思主义认为，劳动不仅是人类起源的终极根源，也是人类历史发展的最基础条件。恩格斯在《自然辩证法》中精辟地论证了劳动使猿进化成人的决定性作用，"以致我们在某种意义上不得不说：劳动创造了人本身"。

当然，人类文明的进步离不开实践基础上的教育环节，马克思主义劳动观是界定劳动教育的基石，正如马克思曾在《哥达纲领批判》中所指出的："在按照不同的年龄阶段严格调节劳动时间并采取其他保护儿童的预防措施的条件下，生产劳动和教育的早期结合是改造现代社会的最强有力的手段之一。"由此可见，马克思主义认为，劳动是教育的起源，教育的本质就在于劳动，教育与劳动相结合是人类所处时代必不可缺的需求。

新时代要确保实现乡村振兴和实现中华民族伟大复兴，离不开对崇尚劳动、热爱农村、扎根基层、服务振兴的高素质农业技术创新人才的培养。

（2）农业教育与劳动教育相结合是培养卓越的"三农"人才的客观需要。2019 年 9 月 5 日，习近平总书记在全国涉农高校书记校长和专家代表的回信中，勉励广大师生以立德树人为根本，以强农兴农为己任。强农兴农，既是全国涉农院校的初心和使命，更是我国农业教育的责任和担当。"新时代，农村是充满希望的田野，是干事创业的广阔舞台，我国高等农林教育大有可为。"习近平总书记的回信充分体现了党中央对农业教育的亲切关怀和高度重视，为农业教育的发展提供了思想遵循和行动纲领。

然而，长期以来，社会成员对"学而优则仕"进行了错误的解读，他们认为学习优秀就可以去当官，以致忽视了"劳心"的知识学习与"劳力"的实践活动之间的辩证关系。伴随 20 世纪 80 年代以来我国社会的全面转型，市场经济与传统价值的冲突引发了一些学生追求个人利益、贪图享受、轻视劳动和农业劳动者、不愿意到农业农村生产第一线及难以融入工农群众等令人担忧的状况。

实践证明，新中国成立以来的每个发展阶段中教育与生产劳动的准确结合，既对培养德、智、体、美、劳全面发展的时代新人具有重要的战略意义，也在学生成长过程中发挥着不可或缺的重要作用。新时代，学生是实现乡村振兴和中华民族伟大复兴的主力军，而农业院校作为新农村建设的人才培养基地，应抓住历史发展机遇，把劳动教育作为高等农业教育的重要内容常抓不懈，始终将"以劳增智、以劳强体、以劳益美、以劳创新"的劳动教育理念作为"中国特色社会主义教育事业立德树人的崇高使命"。

（3）农业教育与劳动教育相结合是服务农业农村现代化和乡村振兴战略的现实需要。"重农固本，是安民之基。"我国的"三农"问题始终是关系国计民生的根本性问题，没有农业的现代化、农村的美丽生态、农民的美好生活，也就没有国家的现代化。

进入新时代，伴随着社会主要矛盾的转变，乡村发展不平衡、不充分的问题更为突出，该问题表现在农业供给质量有待提高、新型职业农民队伍建设亟须加强、乡村生态环境问题突出、乡村治理体系和治理能力亟待强化等方面。

而实施乡村振兴、补齐农业农村现代化改革的短板，关键在于破解人才瓶颈，补齐短板的基础在农业教育。2018 年 1 月，《中共中央国务院关于实施乡村振兴战略的意见》中指出，应"把人力资源开发放在首要位置，畅通智力、技术、管理下乡通道，造就更多乡土人才，聚天下人才而用之"。

近年来，为了进一步贯彻落实习近平总书记在全国教育大会上强调的"坚持中国特色社会主义教育发展道路，培养德、智、体、美、劳全面发展的社会主义建设者和接班人"重要讲话精神，各大院校结合新时代劳动教育进行教学改革，采取紧扣工学结合、知行合一、德技并修的创新举措及修改人才培养方案、建设农业实训基地、拓展校企合作平台、设立现代学徒制试点班、毕业生乡村顶岗实习、营造校园农耕文化氛围等多种举措对农林学生进行劳动教育，培养热衷于走进农村、走近农民、走向农业的复合应用型农林人才，使他们更好地为农民服务。

素养提升

生态文明强调人的自觉与自律，强调人与自然环境的相互依存、相互促进、共处共融，既追求人与生态的和谐，也追求人与人的和谐，而且人与人的和谐是人与自然

和谐的前提。可以说，生态文明是人类对传统文明形态特别是工业文明进行深刻反思的成果，是人类文明形态和文明发展理念、道路和模式的重大进步。

◆ 稼穑两三事 ◆

品读传统古籍，传承农耕文明

——评《齐民要术》

　　农耕文明是中华民族的根，也是中华民族传统的底色。研读农学古籍是通往传统农本文化、继承农耕文明的捷径。我国现存 2 000 余种农学古籍，其数量之多、水平之高是其他国家少有的。其中，北魏贾思勰的著作《齐民要术》被誉为我国第一部"农业百科全书"，是中国农业发展史上集大成的农学经典。该书援引文献 200 余种，体系严整宏伟，"起自耕农，终于醯醢。资生之业，靡不毕书"，《齐民要术》以降，后世农书皆以其为范，历代政权也无不将其视为劝农务本的治世圭臬。书中关于土壤耕作，以及农作物、蔬菜、果树、林木等栽培或农产品加工储藏等知识，既科学又实用。此外，蕴含其中的因循自然、驯化植物及农本思想，即使放到 21 世纪的当代，也具有不容忽视的哲理性，对当今社会的公共健康、科学伦理、食品安全等发展理念，仍然产生巨大的引领或影响作用。

　　由中国书店出版社新近出版的钦定四库全书版《齐民要术》，是作者"采捃经传，爰及歌谣，询之老成"，在广泛总结前人成果的基础上所撰。全书除《序》和《杂说》外，共分为 10 卷 92 篇，约 11 万字，其中正文约 7 万字，注释约 4 万字。正文 10 卷中的前 6 卷内容，分别与农、林、牧、副、渔诸业相关，是世界上最早、最系统、最有价值的农学科学名著，适合农业、农业技术史等相关研究人员阅读。

　　《齐民要术》反映了当时我国农业技术发展水平已经处于世界领先地位。但它的重要价值不只是在传授农业科技知识上，还在传播魏晋时期乃至更远时期农耕文明上。贾思勰描写农家九月骑射——"缮五兵，习战射，以备寒冻穷厄之寇"。魏晋时期战事频繁，北方的游牧民族南下争夺农耕民族的生存空间，农业生产被严重挫伤，农耕文明进入曲折发展期。但尽管如此，千年的农耕文化传播并未停滞。寄情山水、耕读世家，反而成就了"魏晋风度"。其中，耕读文化作为一种文化类型，对农业发展体系、宗法制度、民族整体价值观的形成，发挥了至关重要的作用，甚至在一定程度上多次影响了中国历史的走向。

　　《齐民要术》较为详细地反映了当时农民生产经验和生活场景。以其记载的农业谚语为例，谚语中透露的魏晋时期农民"入世"文化与中华民族传统文化在根本上是一致的。如"一年之计，莫如树谷；十年之计，莫如树木（《齐民要术·序》）""人生在勤，勤则不匮（《齐民要术·序》）""养苗之道，锄不如耨，耨不如铲（《卷一·耕田第一》）""不剪则不茂，剪过则根跳（《卷三·种葱第二十一》）""亡羊补牢，未为晚也（《卷六·养羊第五十七》)"。谚语将深奥的哲理简单化，把丰富的知识生活化，使其易记易懂，活泼生动，像一把打开了智慧大门的钥匙，展现出深邃的哲理美。

贾思勰在《齐民要术》一书中进一步阐述了其"天时、地利、人和"农业生产重要理论。他认为，农业生产应遵循农作物的生长规律，根据不同的季节、不同的气候来耕种和管理，是为"天时"；农业生产应考察土壤环境，根据土地肥力合理的布局和管理，是为"地利"；农业生产应充分调动人的积极性、主观能动性，认为人在耕作中的作用最大，起决定性作用，是为"人和"。贾思勰综合考虑"天时、地利、人和"因素，并将"人和"置于"天时、地利"之上，这不仅是对传统农家思想的继承与发扬，而且对我国隋、唐以后的农业发展也产生了重大影响。仅仅作为一本农学古籍，《齐民要术》对后世许多农书也产生广泛而深入的影响，如元代的《农桑辑要》《王祯农书》、明代《农政全书》、清代《授时通考》等。它们都汲取了《齐民要术》中的农学思想精髓。

《齐民要术》基于农本思想，涉猎文学、语言学、哲学、经济、文献、史学等众多领域研究，不失为一本经典好书。品读《齐民要术》，感悟中华农耕文明，它对传统的传承与发扬，必将为当前我国乡村振兴战略的实施带来新的启迪。

和稼穑明人生

农耕文明传承与乡村文化振兴

中国几千年的乡土生产、生活方式，孕育了悠久厚重的古代农耕文明。农耕文明是我们的根，是中华民族传统文化的底色。神农文化深植于农业社会，与农耕文明的农本思想一脉相承。神农文化是一种多元、互动的传承模式，它的传承形态包括物化形态、民俗形态、语言形态，分别对应于密集古朴的风物古迹、生生不息的民俗传统、生动感人的口头传说。

神农文化是一张农耕文明发展的晴雨表，农耕文明的发展阶段可从神农传说文化中得到反映，二者在某种条件下依存共生。近年来，国家先后实行传统文化传承发展战略、乡村振兴战略，设立"中国农民丰收节"，这些都为农耕文明和乡村文化振兴提供了重要契机，也为农耕文明的传承搭建了良好平台。

一、农耕文明传承中的历史基因

中国几千年的乡土生产、生活方式，孕育了悠久厚重的古代农耕文明。在农耕文明的内部，包蕴着知识、道德、习俗等文化，它们自成体系，维护着传统农业社会的有序运行。毫无疑问，农耕文明是继狩猎、游牧时代之后的又一重要阶段，时间跨度最长，内涵组成最充实，从一个侧面塑造着中国的文化精神和民族性格。

在工业时代、后工业时代乃至信息时代的今天，要振兴乡村文化就应下大气力传承延续数千年的农耕文明。在农耕社会的背景下，民众集体创造了神农文化，并使这种文化适应不同的社会阶段，转化出各种新的形态，从而推动农耕文明的传承和传播。事实上，神农文化以农业本身为出发点，立足于解决农业生产和农民生活，意在满足农业生产和民众精神的双重需要，对民众的深耕细作和日常生活有较强的指导意义。作为农业经济和社会文化共同作用的产物，神农文化曾在传统社会中起着非常重要的作用。

二、农耕文明视野下的神农文化

神农是我国农耕文明社会的杰出代表。综观古代典籍记载，神农的主要事迹包括植嘉禾、尝百草、作耒耜、正节气、发明集市、削桐为琴，这些在今天已经习以为常的事情，在上古时代却是很难完成的突破。应该说，无论是神农创制的生产工具，还是发明的种植技术、医药礼乐文化，都是一次次创新的结果。在农耕文化发展过程中，神农所掀起的农业革命，变革了饮食、劳作及商贸模式，极大地改善了当时的社会生活环境，提升了先民的生存能力和适应社会的能力，开创了农耕文明的时代。从这个意义上讲，神农的地位不仅取决于其所处的时代，更是后世赋予并累加的结果。先秦典籍《孟子》《尸子》就提到，神农教民耕种，掌握四时之制，使天下获利。

在农耕文明的视野下，神农文化所具有的历史传统，是如何形成的呢？从自然生态环境角度看，山西省地处黄河流域中游，表里山河，境内分布着太行山、太岳山、汾河、沁河，这些都为早期文明的孕育提供了理想的"孵化场"。晋东南下川遗址、晋南荆村遗址等史前考古也表明，山西是我国农耕文明的重要发祥地，是粟作农业起源的核心区域。如果优良的自然地理生态是神农文化产生的基础，那么神农文化的地域生成，则得益于中华文明的绵延发展，以及山西本土的文化坚守。

在《汉书》《帝王世纪》的记载中，上古的神话人物，从伏羲、女娲到神农氏的谱系脉络清晰，历经十五代，神农氏对应的时段至少在五千年以上，之后的黄帝、尧、舜时代承前启后，直至夏商周。这就是我们所讲的五千年文明，在距今五千年左右，包括神农文化在内的中华上古文明已经成熟，并形成了基本的文化系统。

在中华文明成熟的过程中，神农文化找到适当的地域，落地生根。山西以史志书写的方式，担当起传承神农文化的使命。在晋东南长子、高平、壶关、潞城，晋南隰县等的府志、县志、碑书中，将神农文化的羊头山、谒戾山、发鸠山、姜水、沁水、神农城、神农泉、谷城等具体化、实物化，再对这些山、水、遗迹予以解读，通常的释义是神农得嘉谷之处、尝五谷之所、埋葬炎帝的陵庙。这样，神农文化在当地得到确立和传播。

三、神农文化的传承与农耕文明

神农文化成长于农耕文明的沃土中，在晋东南的高平，神农文化至今依然活跃，它在规范地方文化秩序的同时，展示了农耕文明的丰富遗存，堪称中国农耕文明的当代华彩形态。

神农文化是一种多元、互动的传承模式，它的传承形态包括物化形态、民俗形态、语言形态，分别对应于密集古朴的风物古迹、生生不息的民俗传统、生动感人的口头传说。这三种形态既独立又互为旁证、相互作用，完整地呈现了神农文化的不同层面，构建起神农文化的谱系和立体图景。

物化形态是神农文化确立的基础。通过现代考古发掘，在高平的羊头山神农城遗址发现了古代陶片、瓦砾及人工石砌围墙、古旧步道等遗存，经学者认定，属新石器时代仰韶文化类型，对应于神农炎帝时代。也就是说，在神农炎帝时代，高平的先民已经能够依山而居、择址建房，从居无定所转为定居生活，这给发展农业提供了必要条件。随着以羊头山为中心的高平地域农业发展，神农文化的精神需求随之产生，直接表现为建庙宇、立碑刻。这些以物质载体存在的文化传承空间，为历代传承、传播神农文化提供了实物依据。

民俗形态为神农文化传承注入活力。当文化不再停留于精神层面，而是变成人们在生活中的精彩实践和一场场的动态展演，民俗便形成了。民俗是一种华彩的生活形态。对于神农这位有功于民的农业祖先，民众极尽崇祀之礼，自古迄今，从未停止。各种岁时节令，人们都不忘祭祀神农炎帝；人生礼仪中的面羊馒头或谷穗这些五谷制品或五谷，同样传承着神农文化。

语言形态的传承能够对接前两种形态，同样证明了神农文化的独特价值。当我们查阅古籍和地方史志时，会发现不少神农文化与高平羊头山的记述，如神农城、神农井、谷关、炎帝陵都与神农五谷有关。这些神话传说与历史叙事，并不是某个文人个人的想象，而是对于那一时代具有共识的神话传说与历史叙事的整理。此外，山西民间仍在讲述神农传说，这种活形态的口头语言是地方民众的集体创造，也是神农文化的重要传承形态，诉说着神农文化的悠远历史，彰显了农耕文明的魅力。

耕读学思

中国上古社会以农业经济为主体，人们从农业生产实践的需要出发，很早就建立起相关的天文历象之说，认识了四时和年岁，并积累了许多季候方面的知识。自史前至殷商时期，黄河流域中原大地很早就形成一个以农业经济为主体的社会，人们认识了年岁与四时，逐渐建立起一套"纪农协功"的传统礼俗。

黄河中下游流域华北大地，先民很早就进入农业定居生活阶段，史前考古发现的粮食作物，主要有粟、黍、大麦、小麦、高粱，有的地区还种植水稻。这些谷类作物，通常也称为粒食，与当时的粮食加工技术和熟食习惯有很大关系。《尚书·舜典》孔疏云："民生在于粒食。"元王祯《农书·百谷序引》云："至神农氏作，始尝草别谷，而后生民粒食赖焉。"明宋应星《天工开物》云："神农去陶唐，粒食已千年矣"，又云："凡粒食，米而不粉者。"自史前至商代以来，谷类粮食最普遍的便是熟食法，是"米而不粉"，因呈粒状，故直称粒食。

从上述文献资料透露的情况看，商代谷类作物种类有稷、黍、麦、禾。禾本义指谷

子，即粟，去皮是为小米，也称小黄米。稷为何种作物，农学家们意见不同，然《说文解字》徐灏笺云："黍为大黄米，稷为小黄米"，故我们以为上述文献提到的稷，主要是指粟，是商民的日常粒食种类。《史记·周本纪》谓武王灭商，"发钜桥之粟，以振贫弱萌隶。"钜桥同甲骨文的"西仓""南廪"等，是商王朝的粮仓所在，储藏的粮食品种主要是粟。通过上述文献，能了解到的商代谷类作物，其实只有粟、黍、麦三种。

商的"四土"方国，粮食也不限为黍、粟、稻、麦，如位于"西土"的陕西泾河流域长武县碾子坡先周文化遗址，年代略当晚商时期周国迁岐前，在一半竖穴式房址的壁龛内发现炭化谷物，经鉴定属于未去皮的高粱米。近年又在渭水流域以南西安丰镐遗址出土了先周时期的炭化粟米。

思考：中国传统农业中有哪些常见的作物？为什么这些作物会如此常见呢？

项目三 农业农村现代化

项目导航

党和政府历来高度重视农业农村的发展，把农业农村现代化摆在国家现代化建设推进工作的突出位置，注重对实践经验的总结，不断深化对农业农村发展规律的认识。中国式现代化是庞大人口规模的现代化，是全体人民共同富裕的现代化，是物质文明与精神文明相协调的现代化，是人与自然和谐共生的现代化。

知识结构

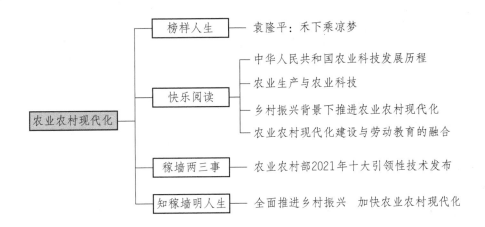

学习目标

【知识目标】

1. 了解农业农村现代化的含义。

2. 熟悉农业农村现代化的意义。

3. 熟悉乡村振兴背景下推进农业农村现代化的路径。

【能力目标】

1. 能够对农业农村现代化有一个初步的认识与了解，并且可以概括地叙述乡村振兴背景下如何推进农业农村现代化。

2. 能够与同学分享农业农村现代化建设与劳动教育的融合途径。

【素养目标】

能够认识到在乡村振兴背景下，农业农村现代化面临的机遇和挑战是并存的，必须要坚持农业农村现代化建设与劳动教育的结合。

🏆 榜样人生 ●

袁隆平：禾下乘凉梦

我国"杂交水稻之父"袁隆平出生于 1930 年，八十几岁高龄的他仍然活跃在科研场上，为我国的水稻研究事业做着贡献。袁隆平的励志故事充满了奋斗和坚持的色彩，不畏艰难、知难而进是袁隆平院士做科研一贯的原则。"一颗种子改变世界"是对袁隆平所做贡献最好的诠释。

1960 年，严重的大饥荒像蝗虫般掠过中华大地，饿殍遍野。袁隆平发誓，一定要研究出一种高产的水稻，让自己的同胞吃饱！当时，科学家都认定水稻杂交没有优势，可是倔强的袁隆平不认输，无数次试验、无数次失败都没有使他气馁。

1974 年，袁隆平育成中国第一个强优势组合"南优 2 号"。经试验种植，两季水稻产量都比常规水稻增产 30% 以上。随后，他又设计了父本与母本分垄间种的栽培模式，还创造出用竹竿"赶花粉"的土办法，将种子产量从亩产 5.5 千克提高到 40 千克以上。1976 年，全国大面积试种 208 万亩杂交水稻。随后，杂交水稻面积开始急速推广。2012 年 9 月 24 日，湖南省农业厅组织的专家验收组宣布超级杂交水稻第三期大面积亩产 900 千克攻关圆满实现。2021 年，袁隆平杂交水稻创新团队在"科学嘉年华"农业科技论坛上发布超级杂交水稻创新品种——耐热超级稻。

他经常跟人说起他曾经做过两次的梦：田里的水稻长得像高粱一样高，稻穗像扫帚一样长，颗粒像玉米一样大，他和助手们走累了，就在稻子下面聊天乘凉。刚开始，周围人呵呵地笑，时间长了，才发现他满脑壳就惦记这个事情。他把身边英语好的年轻助手都尽量送出国去深造，为的是他的第二个理想：要让杂交水稻推广出去，"造福全世界"。

📖 快乐阅读 ●

一、中华人民共和国农业科技发展历程

1949 年，中华人民共和国成立，中国农业科技发展开启了新的历史篇章。在历届中央领导集体的坚强领导下，在一代代农业科技工作者的共同努力下，我国农业科技发展面貌发生了翻天覆地的变化，中国农业科技发展发生了从小到大、从弱到强的历史性变化。目前，我国农业科技创新整体水平已进入世界第二方阵，农业科技进步贡献率达到 58.3%，为保障国家粮食安全、促进农民增收和农业绿色发展发挥了重要的作用，已成

为促进我国农业农村经济增长最重要的驱动力。

1. 农业科技创新体系

七十多年来，从几个农业试验场发展成全球最完整的农业科技创新体系。目前，我国农业科技创新体系从中央到地方层级架构完整，机构数量、人员规模、产业和学科覆盖面均为全球之最。

（1）在农业科研体系建设方面，在中华人民共和国成立前的北京、淮安、保定、济南等几个农业试验场的基础上，迅速建立了中央、省、地三级农业科研机构系统。改革开放迎来了科学技术事业发展的春天，政策环境、制度环境和投入支持环境得到了较大改善。目前，我国地市级以上农业科研机构的数量达到了 1 035 个。

（2）在技术推广体系建设方面，农业技术推广体系先后经历了艰难的创建期、市场和体制改革双重冲击下"线断人散网破"阵痛期和新时代"一主多元"的融合发展期。各级农技推广机构认真履行先进、实用技术推广，动植物疫病及农业灾害的监测预报和防控等职责，为农业农村持续稳定发展做出了重大的贡献。

（3）在教育培训体系建设上，我国农民教育培训体系先后经历了农民业余学校、识字运动委员会、干部学校、"五七大学"、各级农业广播电视学校和"一主多元"的现代新型职业农民教育培训体系，在提高农民科学生产、文明生活和创新经营的科学文化素质方面，起到了积极的促进作用。

2. 现代农业技术体系

七十多年来，从"靠天吃饭"的传统生产，发展成良种良法配套、农机农艺融合的现代农业技术体系。中华人民共和国成立后，毛泽东提出的"农业八字宪法"，一直到今天，都对实现科学种田起到了积极作用和深远影响。

（1）在品种培育上，我国农业生产的种子来源在很长一段时期是农民自留种，以矮化育种、远缘杂交、杂种优势利用等为代表的重大技术突破，促成了 5～6 次作物品种更新换代，粮食单产从中华人民共和国成立初期 69 千克/亩增加到目前 375 千克/亩，良种覆盖率达到 96% 以上。

（2）在病虫害防治上，中华人民共和国成立初期，面对蝗虫连年起飞成灾、小麦条锈病爆发蔓延、棉铃虫肆虐为害，几乎没有有效的防治手段，经过几代人的努力，逐步建立科学、有效的病虫害监测预警与防控技术体系，确保没有发生大面积重大的生物灾害。

（3）在设施农业上，从北方冬季只能吃储存的萝卜和白菜，到依靠设施农业生产，实现了新鲜蔬菜和水果的周年供应，打破了水、温、光等自然条件对农业生产的限制，从塑料大棚、拱棚到现代日光温室和连栋温室，形成持续发展、总面积达到其他国家总和 5 倍以上的设施农业规模。

3. 科技创新条件平台体系

七十多年来，从依靠"一把尺子一杆秤"的科研手段，发展成设施完备、装备精良的科技创新条件平台体系。我国农业科技条件平台建设从点到面、从小范围到大规模，实现了历史性转变，发生了翻天覆地的变化。

（1）在农业科研基础条件建设方面，先后出台了一系列的科研条件能力建设规划，配备了一大批科学仪器设备，实施了科研单位的房屋修缮、基础设施改善、仪器设备购置及升级改造，大大改善了各级农业科研机构科技的基础条件。

（2）在科学与工程研究类平台方面，建设了农作物基因资源与基因改良国家重大科学工程、国家动物疾病防控高等级生物安全实验室等一大批国家重大科技基础设施，以及国家实验室、国家重点实验室和部省级农业重点实验室，拥有了一批农业领域的"国之重器"。

（3）在技术创新与成果转化类平台建设方面，围绕产业共性关键技术和工程化技术、重大装备及产品研发等，建成了一批国家工程实验室、国家工程技术研究中心、国家农作物改良中心（分中心），加速了农业科技成果转化和产业化。

（4）在基础支撑与条件保障类平台建设方面，围绕农业科技基础性长期性工作，建成了一批国家野外观测研究站、农业部野外观测试验站、国家农作物种质资源库（圃）和国家农业科学数据中心，夯实了农业科学技术研究基础。

4. 现代生产方式

七十多年来，从"人扛牛拉"传统生产方式，发展成了机械化、自动化、智能化的现代生产方式。我国农业生产方式实现了从人力、畜力为主向机械作业为主的历史性跨越。目前，全国农作物耕种收综合机械化率超过67%，在部分领域、部分环节逐步实现"机器换人"，显著增强了农业综合生产能力。

（1）在农机装备研制方面，"东方红"200马力拖拉机填补了国内大马力拖拉机空白，先后研制了4 000多种耕整地、种植机械、田间管理、收获、产后处理和加工等机械装备。

（2）在主要作物主要环节全程全面机械化方面，小麦生产基本实现全程机械化，水稻、玉米耕种收机械化率超过80%，油菜、花生、大豆、棉花机械化作业水平大幅提高，畜禽水产养殖、果菜茶、设施园艺等设施化、机械化取得长足发展。

（3）在农业生产信息化、精准化、智能化方面，经过近40年的引进消化和创新发展，2021年，我国智能农机与机器人、无人机植保服务、农业物联网、植物工厂和农业大数据等板块占全球农业科技市场比例，分别达到34%、45%、34%、30%和30%。

5. 绿色发展方式

七十多年来，从"大水、大肥、大药"的粗放生产方式，转变为资源节约环境友好的绿色发展方式。我国的基本国情、资源禀赋和发展的阶段性特征决定了必须走"一控两减三基本"的绿色发展道路。

（1）在农业节约用水上，20世纪50年代以来，我国先后建成了400多个灌溉试验站，在旱作节水、滴灌喷灌等科技领域的理论方法、关键技术、重要装备及管理规范等方面涌现出一大批优秀成果，节水灌溉面积达到4.66亿亩。

河北省曲周县农业绿色发展模式

（2）在化肥农药科学施用上，从20世纪七八十年代增产导向的过量施用向目前提质导向的科学施用转变，实现了化肥农药从过量施用到现在的零增长、负增长转变，全面推广了测土配方施肥、水肥一体化的施肥模式，实施了有机肥替代化肥行动，创制了一批高效低毒农药和生物农药，使农作物生物防控技术得到迅猛发展。

（3）在农业废弃物资源化利用上，农作物秸秆从单纯的燃料化向燃料化、原料化、饲料化、肥料化、基料化等多用途综合利用转变。畜禽养殖废弃物由直接排放向集中处理、循环利用转变，农膜使用带来的耕地"白色污染"，正在通过机械捡拾、统一回收处理、生物降解等方式逐步得到控制和解决。

6. 中国特色农业科技自主创新道路

七十多年来，我国在推进农业科技事业发展中，继承、发扬和积累了一些宝贵的经验和做法，主要是始终坚持党对农业科技工作的领导，始终遵循农业和农业科技发展自身规律，始终坚持走中国特色农业科技自主创新道路，始终坚持推进农业科技体制、机制改革创新，始终坚持集中力量办大事的制度优势，始终坚持规划引领和法制保障。

课堂故事

科学家的手，怎么比我们的还黑？比耕田的还粗？每到田间，福建省农业科学院原院长、研究员、中国科学院院士谢华安的一双手，总会引发稻农们的好奇。正是这双饱经风霜的手，选育出了中国推广面积最大的杂交水稻品种，让无数中国人端牢了自己的饭碗。

1972 年，谢华安带队前往海南三亚，在这里开启了长达数十年的杂交水稻育种研究生涯。在艰苦的条件下，谢华安不辞辛苦地实践着儿时的梦想。当时，全国稻瘟病频发。谢华安首创稻瘟病重病区多点多代抗稻瘟病选育程序，终于在 1980 年选育出抗稻瘟病、强恢复力、高配合力的恢复系"明恢 63"。其中，以"明恢 63"为亲本选育出的杂交水稻良种"汕优 63"，丰产性高、适应范围广、品种优良、抗稻瘟病，在世界稻作史上具有里程碑意义，引入东南亚国家后被当地农民誉为"东方神稻"。

尽管年届八旬，但谢华安在科技为民的征途中从未止步，数十年如一日守望着那一亩亩稻田。"种业是农业的芯片。"谢华安说，作为一名党员、一名农业科技工作者，要坚持把论文写在大地上，为生产之急所急，为生产之需而努力。在他看来，水稻育种工作要具备战略眼光，将水稻品种的丰产性、优质性、抗性、广适性综合在更高水平，不仅要让老百姓吃得饱，更要让老百姓吃得好、吃出健康。

二、农业生产与农业科技

产业的进步和发展离不开科技的支持，农业更是如此。作为历史最为悠久的产业，近年来，在生物技术、大数据及人工智能等先进技术的支持下，传统农业逐步向智慧农业、数字农业迈进，从产业科技含量到粮食产出都上了一个台阶。与此同时，我们依然需要清醒地意识到我国"人口多、底子薄"的基本国情，对于如何更好地解决粮食安全问题，我国农业科技之路任重而道远。

什么是智慧农业

1. 种子种业：守住粮食安全的底线

"一粒种子可以改变一个世界"，作为农业的"芯片"，对种业再怎么强调也不过分。我国粮食供需一直处于紧平衡状态（指短期内供需大体平衡，但剩余不多，并不能保证时时刻刻都供应充足），加上外部形势的不确定性和不稳定性增加，在粮食安全问题上一刻也不能掉以轻心。在我国耕地有限的情况下，要想增加粮食产量，需用科技打好种业翻身仗。

如何打好种业翻身仗

在我国主要作物中，水稻、小麦、大豆等"中国粮"用上了"中国种"。但目前，种子领域发展的不平衡现象仍然存在，尤其是蔬菜种子中还有不少"洋种子"，如玉米、马铃薯、胡萝卜、西兰花等常见蔬菜种子，往往依赖进口。根据中国种子贸易协会的数据，2019 年，我国蔬菜种子进口 2.24 亿美元，占种子进口额的一半以上。西兰花种子进口依存度超过 80%，甜菜和黑麦草种子对外依存度达到 95% 以上。

为了牢牢端住饭碗，国家将"种子保卫战"提上日程。2022 年，"1 号文件"的发布进一步对种业进行了全面部署，包括深入实施种业振兴行动，加强种质资源保护，加快推进育种创新等。除完善的顶层设计外，种子企业、农业科研院所也在积极搭建合作平台，整合国际、国内优势科技资源，积极投身种子产业相关技术的研发成果转化，确保粮食安全的主动权牢靠地掌握在我们自己手中。

截至目前，我国拥有 136.2 万余家种子相关企业。其中，2021 年新增注册企业近 20 万家，增速达 17.8%。从地域分布来看，山东、江苏及河南三地相关企业数量最多，分别拥有 17.5 万余家、11.8 万余家及 10.5 万余家。从注册资本来看，超 6 成企业注册资本在 100 万元以内，注册资本在 1 000 万元以上的占比 7.4%。从成立时间来看，超 5 成企业成立时间在 5 年之内，成立 1 年的占比 15.1%。

从《"十四五"现代种业提升工程建设规划》印发到新种子法正式施行，这些都为种业发展集聚更多有利条件。以农业科技为支撑，以服务粮食种植为导向，凝心聚力，为"中国粮"装上"中国芯"，定能让"中国粮仓"更加殷实。

2．农业机械：农业现代化的重要基础

农业机械化、智慧化有利于提高农业发展的质量、安全和效率，是农业现代化的重要支撑。随着 5G、物联网、大数据、人工智能等技术的发展，植保无人机、无人驾驶收割机等跨界科技产品的层出不穷，为提升农业种植效率、降低人力成本、保障人身安全等提供了坚实的保障，"无人农场"已从科幻想象，走进了现实中的田间地头，服务于春播、秋收。

（1）植保无人机：为农产品种植"保驾护航"。传统农业生产需要耗费大量的人力、物力，同时，农业生产的效率较低。植保无人机的研发成功，使传统农业生产的作业模式发生了变化，不仅节省人力、物力与财力，同时使生产效率显著提升。

植保无人机属于现代农业生产中的高新技术产品。由于其体积小，操作灵活，能够适应各种场地，例如，在田间地头就可以进行自由起降，极大地提升了实际应用的便利度。同时，植保无人机还可以进行低空作业，有效降低了操作难度与入门门槛，扩大了产品可使用的人群范围。

植保无人机能够按照农作物的需求进行精确调整，还可以根据农作物的不同，调整喷洒作业的高度、路线及浓度，应用与操作更加智能化。此外，利用自动定位、远程控制与飞行导航等新兴技术，植保无人机可实现飞行程序的预先设定、自主喷洒、信息反馈与作业评估等功能，有效解决劳动力短缺的问题。

截至目前，我国拥有无人机相关企业 4.8 万家。其中，2021 年新增注册企业 3 100余家，增速达 7.2%。从地域分布来看，广东、山东及安徽三地相关企业数量最多，分别拥有 1 万余家、3 300 余家及 3 200 余家。从注册资本来看，22.3% 的无人机相关企业注册资本在 100 万元以内，注册资本在 1 000 万元以上的占比 22.9%。从成立时间来看，近 7 成企业成立时间在 5 年之内，成立 1 年的占比 4.2%。

随着植保无人机的广泛应用，农作物的病虫害防治作业将会进一步提升，全国农业机械化综合水平也会得到改善，同时，也能促进粮食、蔬菜等作物丰收、增产。

（2）无人驾驶收割机：智慧农业再添新利器。无论在"大粮仓"黑龙江北大荒地区，还是浙江余杭，一辆辆无人驾驶收割机能精准高效地将田地收割得干干净净，仿佛是一位从事多年农活的"老人"。

对于无人驾驶，大众对于普通乘用车的技术较为熟知，由于人们对于传统农业生产的固有印象，对于农机的无人驾驶技术较为陌生。在数字技术的引领之下，配备有北斗卫星导航系统，多种传感器与控制器的无人驾驶收割机开始持证上岗。

与普通收割机相比，无人驾驶收割机可有效降低人的劳动强度，一个人可以同时操纵两三台收割机。同时，还可以消除安全隐患、保障机驾人员安全，有效规避噪声、振动、暴晒、粉尘对人体的危害。

通过引入无人驾驶收割机这一类智慧农机，农村的劳动生产率和单位土地的产出效率得到了大幅提高，这也为破解"怎么种好地"，保障国内重要农产品有效供给和粮食安全，真正实现"把饭碗端在中国人自己手中"提供了全新思路。

截至目前，我国农业收割机相关企业 6 100 余家。其中，2021 年新增注册企业近600 家，增速达 11.1%。从地域分布来看，山东、黑龙江及江苏三地相关企业数量最多，分别拥有 840 余家、670 余家及 450 余家。从注册资本来看，59.4% 的农业收割机相关企业注册资本在 100 万元以内，注册资本在 1 000 万元以上的占比 7.0%。从成立时间来看，39.8% 的相关企业成立时间在 5 年之内，成立 10 年的占比 27.6%。

面对农业现代化的迫切需求，我国农机企业陆续开始智能化农业机械的研发与生产，为后期实现"无人农场"的建设打下了坚实的基础。

3. 乡村电商：电商经济助推乡村产业高质量发展

打开手机，不难发现县长直播带货现象屡屡出现，各大电商平台农产品专栏几乎占据主页 C 位，各式各样的农产品进入千家万户的餐桌……这一幕幕生动的场景，更多地诠释了乡村电商成为推动乡村振兴的新动能。

乡村电商作为数字经济大潮引领下的一种新商业模式，近年来，整体处于高速发展阶段，无论是在提高农户收入，还是推动当地经济发展，又或者是在助力实现乡村振兴上都发挥着积极作用。

手机逐渐成为新农具，直播卖货成为新农活，返乡创业的新农人成为新网红，数据加速成为新农资。物流运输基础持续被夯实，电商人才梯度建设逐渐走向正轨，产品品

牌意识逐步加强，乡村电商正稳步向高质量发展迈进。

截至目前，我国乡村电商相关企业 137.7 万家。其中，2021 年新增注册企业 49.7 万余家。从地域分布来看，广东、浙江及山东三地相关企业数量最多，分别拥有 29.2 万余家、14.9 万余家及 8.9 万余家。从注册资本来看，39.8% 的乡村电商相关企业注册资本在 100 万元以内，注册资本在 1 000 万元以上的占比 8.2%。从成立时间来看，超 8 成企业成立时间在 5 年之内，成立 1 年的占比 39.7%。

乡村电商让农业走上了数字智能化道路，实现了产品的健康安全、可追溯，有效推动农业现代化，助力乡村振兴健康发展。

4. 风险资本：赋能传统农业创新升级

农业的发展离不开国家顶层设计的指导，离不开科学家年复一年辛勤的付出，资本作为一项重要的生产要素也是支持农业现代化发展的重要一环，除国有资本的投入外，风险资本也在积极投入其中，支持农业科技的发展。

农业涉及从原料、加工、生产到销售等各个众多产业环节的关联。种植业作为其中的核心环节之一，一直受到资本市场的关注。

据不完全统计，农业种植相关企业融资事件合计发生 77 起，融资金额近 27 亿元。从轮次方面看，融资轮次仍以早期融资为主，种子轮、天使轮及 Pre-A 轮三者合计融资事件占比总数的一半，达到 58.4%。地域分布方面，湖南、云南、北京、江苏及广东，相关融资事件数量排名靠前，其中，湖南以 10 起融资事件，排名第一。投资机构方面，深创投、秉鸿资本、IDG 资本位居前列，深创投以 5 次"出手"，排名第一。

社会资本的积极涌入，不仅为农业产业链的发展注入了新的活力，也为产业发展提供了更多的想象空间。乡村振兴是一个人、地、产、钱、政都不能落下的系统性工程。农业乃至种植业是乡村振兴的坚实保障。在数字时代下，将农业生产与新兴科技相结合，提升农业的科技含量，是实现产业振兴、保障中国人饭碗的必由之路。

素养提升

通过农业农村现代化的大力推动可使最美乡村的建设得以有效实现，在"三农"工作中，乡村建设是不可分割的一部分，尤其此工作的重要性已经上升到了国家现代化建设层面。美丽乡村的建设直接关系到每个农户自身的生活及幸福感。对农村现代化建设进行不断推进，实际上就是有效解决了农村的生态环境问题，同时，对农村公共服务供给以及基础设施不完善等问题加大重视，最后让整体公共服务水平得到显著提高，使人们的居住环境及生活水平得到持续改善。

三、乡村振兴背景下推进农业农村现代化

1. 独特资源打造特色农村

城市拥有高科技设备、先进教育、先进技术等优势资源，但随着城市人口的不断增

多和城市化建设的不断推进，城市的自然风光却越来越少，越来越多的人开始向往农村的生活。

农村的基础设施建设虽不如城市的齐全，但农村地区有自己的独特优势。农村地区拥有丰富的自然资源、广阔的土地资源及优美的生态环境，却得不到开发，对农村地区丰富自然资源的合理利用将是农村地区发展的一大机遇。

推动农村地区发展应立足于区域资源优势和市场需求，结合当地风土人情，避免盲目跟风，因地制宜选择优势产业，加快发展特色农业，以乡村特色产业为载体，推动农业农村载体面貌的改造。许多农村地区虽然处于偏僻的地方，但往往也拥有优美的自然风光，这些地区可以利用这个独特的优势发展旅游项目，不仅能促进该地经济的不断发展，而且对该地生态环境的保护也有积极作用。推进农业农村现代化，要充分利用农村地区的独特优势，发展特色产业。

2. 优化生态环境建设

生态环境建设不仅能体现出一个地区的整体风貌，而且对人们的身体有着重要的影响，生态环境恶劣将对人们的身体产生很大的危害。

优化农村地区的生态环境，首先，可以通过多种植树木稳固生态环境，树木不仅具有防风、固土、遮阴、降噪的作用，还可以美化环境；其次，不焚烧秸秆、减少化肥农药的施用也是一个有效方法，但只能产生预防作用而起不到根本作用，应从根本上加强农村地区的生态文明建设。

当然，具体措施应结合当地的实际情况制定、实施。开展相关宣传活动不断提高农民群众关于保护环境的意识，保护环境意识不仅要让成年人养成，而且要在学校进行宣传，从小就培养孩子保护环境的意识。环境对人们的生产生活有着重要的作用，应从根本上不断进行乡村生态文明建设工作。

3. 加强教育引导

无论在哪个时期，教育都是重要的文化传播手段。教育可以增强人们明辨是非的能力，有助于建立一个遵守法律的社会。因此，对于那些铺张浪费、聚众赌博等陋习，要加以正确引导，使得人们逐渐认识到这些陋习的弊端。

党员干部可通过开展"文明家庭"等评议活动、完善《村规民约》、组织关于教育的宣传活动、开展关于教育的小课堂等各种有效方式，加强对农民群众的教育。此外，党员干部也要注意营造一种积极向上的氛围，使农民群众在潜移默化中接受教育的熏陶。党员干部可以通过定期开会、拉横幅、广播宣传、建立微信公众号、组织各种与教育相关的文化活动的方式，对农民群众进行教育，以此提高农民群众的知识文化水平，农民群众也可以通过此方式了解最近的政策、时事政治等。党员干部要起带头作用，不断加强对于乡风文明建设方针、政策的宣传教育，使人们认识到教育的重要性，更加坚定建设农业农村现代化的决心。

4. 坚持因地制宜，尊重农民群众

每个地区都有每个地区的乡风习俗，在农业农村现代化建设的过程中，要结合当地的实际情况，根据不同情况采取不同措施。要不断转变不适宜的落伍理念、不断完善制

度，既要尊重当地的文化习俗，也要尊重当地农民群众的意愿，党的十九大报告以新的高度强调了坚持以人民为中心，农民群众是农业农村现代化建设的重要力量。

要不断增强农民群众的主人翁意识，让农民群众成为农业农村现代化建设的维护者和受益者，让农民群众打心里理解并有所受益。只有这样，农民群众才能真正理解农业农村现代化建设的好处，农业农村现代化建设才能得到农民群众的拥护。

素养提升

农业农村现代化是一个动态过程，推进农业农村现代化，能改变农民群众的一些落后观念，树立良好的社会风尚和新型和谐的人际关系。农业农村现代化不只是口头语，而是需要每个人都贡献一点自己的力量。

四、农业农村现代化建设与劳动教育的融合

我们要抢抓机遇顺势而为，将劳动实践教育融入农业农村现代化建设，实现五个"融入"：一是人员融入，农业农村要以开放的姿态迎接大、中、小学庞大的青少年群体，让他们切实感知农业农村现代化建设；二是知识融入，农业农村要以开放式创新吸纳青少年学生的知识，促进现代农业知识的更新与跃迁；三是信息融入，通过劳动教育对接服务，农业农村可以获悉青少年群体的农产品需求信息，也可以借助青少年群体传播最新的农产品供给信息；四是情感融入，通过劳动教育让青少年群体了解三农、热爱"三农"，奠定投身"三农"事业的情感基础；五是技术融入，劳动教育同样需要体现时代特征，注重技术革新、商业模式与农业农村高质量发展的融合。

具体来说，可通过以下路径实施。

1. 协同开设劳动教育第二课堂

首先，由于不同阶段的青少年身体素养、心理特点和知识结构不同，相关部门需要开展劳动教育第二课堂的需求调研，把握育人导向并应遵循教育规律，掌握劳动教育的表象需求和潜在需求。

其次，针对需求设计劳动教育第二课堂的教学内容。相关部门需要立足农业产业融合，针对新技术背景下的农业新业态趋势，设计如开心农场、智慧农业、生态农业、农业园区、乡村旅游、乡村治理、人居环境等具体的第二课堂教学内容。

最后，逐步开发契合大、中、小学农业劳动实践的指导手册。各地可以根据农业资源禀赋和农业生产基本情况，逐步完善劳动教育项目设计、第二课堂载体、课堂组织、教学评价等事项，开发农业农村劳动实践指导手册。

2. 建立劳动教育产教融合基地

为了进一步整合教育资源，相关部门不仅可以与教育部门合作，而且还可以直接与各类学校建立劳动教育产教融合基地，即以资本或契约为纽带，彼此投入资金、场地、人员、信息、技术、管理等资源要素，共同建立融合劳动教育、创新创业、技术转让、

农村电商等职能于一体的集成化产教融合基地。为了充分做到资源共有、利益共享、风险共担，需要建立稳定的常设性运行管理机制。

由于基地实现了更多要素资源的集成，并且借助国有农场、农业科技园区、农业龙头企业、特色精品乡村、农村综合性文化服务中心、农业创业孵化基地等有形载体支撑，因此，可以更加持久、稳健地服务劳动教育。与劳动教育第二课堂的公益服务不同，产教融合基地不仅可以提供劳动教育的公共产品，还可以开展创新创业、农业科技成果转让、乡村产业招商引资、农产品加工与电商推广等商业服务。

3. 承接劳动服务外包

劳动教育服务外包是学校将劳动教育实践教学环节委托给校外其他机构负责实施，即学校购买其他机构提供的劳动教育服务。如军事训练等必修课程，学校需要与校外组织机构签订服务购买合同，明确权责义务关系。

对学校而言，劳动教育服务外包可以弥补实践教学环节的不足，集中精力提高其他课程的教学质量；对农业农村部门而言，可以充分凸显劳动教育的通识性，通过有偿服务实现农业产业的融合发展。

农业农村部门可以因地制宜，充分利用农业生产资源禀赋优势，一方面开发劳动实践教育基础课程；另一方面开发如养殖、种植、渔业、牧业、乡村旅游导游服务、农产品品牌策划、电商直播带货等系列劳动实践教育专业课程。

4. 因地制宜创新劳动教育形式

需要积极梳理劳动教育资源，因地制宜创新劳动教育形式。因地制宜创新劳动教育形式：一是积极协同开设第二课堂、承接劳动教育服务外包和建立劳动教育产教融合基地，促进劳动教育资源要素的融合；二是积极利用金融、财政、土地、信用等产教融合扶持政策，尝试建立劳动教育产业学院、农业技术创新联盟、劳动教育现代学徒制等合作形式。

素养提升

由于每个地区可能存在不同的情况，因此，在推进农业农村现代化建设的过程中，要坚持实事求是的原则，根据当地的实际情况和特征，采取相应解决办法，并且要坚持党的领导，发挥人民群众的作用。只有这样才能不断提高农村社会的文明程度，迎来农业农村现代化的新面貌。

稼穑两三事

农业农村部 2021 年十大引领性技术发布

为深入实施创新驱动发展战略和"藏粮于地、藏粮于技"战略，农业农村部组织开展了引领性技术集成示范工作，以支撑引领农业高质量发展为目标，每年发布 10 项关

于绿色增产、节本增效、生态环保、质量安全等方面的引领性技术，着力打造集成示范样板，发挥引领作用，加快成果转化，推动农业提质增效。

一、稻麦绿色丰产"无人化"栽培技术

以稻麦栽培"无人化"作业技术为核心，配套无人机飞防高效植保技术、智能远程控制灌溉技术和智能精准无人化收获技术，创建稻麦生产"无人化"作业技术体系，解决未来粮食"怎么种、靠谁种"的技术问题，推动粮食生产由机械化向"无人化"跨越，为粮食生产简单化、低成本化、丰产化、高效化提供强有力的科技支撑。

二、水稻大钵体毯状苗机械化育秧插秧技术

充分发挥水稻钵体苗栽培高产、优质的农艺技术优势和机插秧高效、精准的机械化作业优势，系统集成大钵毯苗秧盘、精准对位精量播种、秧苗秧期综合管理、高速机械栽插等关键技术，缩短了插秧后秧苗缓苗期，延长了适宜机插秧龄，解决了双季稻区和东北寒地稻区水稻适宜生育期不足难题。

三、水稻机插缓混一次施肥技术

将不同释放速率的缓控释肥进行科学混合组配，使得混配肥料养分释放规律与优质高产水稻二次吸肥高峰同步，配套水稻机插侧深施肥技术，构建了满足水稻全生育期养分需求的一次施肥模式，有效减轻了劳动强度，实现了机插水稻生产节本增效。

四、蔬菜流水线贴接法高效嫁接育苗技术

通过集成套管贴接法、嫁接流水线作业平台、底部潮汐式灌溉等核心技术，与愈合期环境精准调控技术、茄果类蔬菜嫁接后砧木残株扦插再利用和接穗残株腋芽萌蘖再利用技术、环境－物理－化学幼苗株型综合调控技术、全程病虫害绿色防控技术等相配套，显著提高嫁接工效，破解了嫁接育苗用工多、成本高的核心问题，为蔬菜绿色高效生产提供了技术支撑。

五、草地贪夜蛾综合防控技术

在明确草地贪夜蛾的发生为害规律基础上研发了新型种衣剂和无人机用微型颗粒剂及撒施技术，开发了 Bt 工程菌 G033A 颗粒剂产品，建立了集成虫理化诱控、种子包衣、Bt 工程菌生物防治及应急化学防控为一体的草地贪夜蛾全程综合防控技术体系，为实现"虫口夺粮"保丰收提供了技术支撑。

六、苜蓿套种青贮玉米高效生产技术

将苜蓿和青贮玉米套种，在春季进行苜蓿干草生产，夏季在苜蓿行间套种青贮玉米，并于秋季玉米收获季一同混收青贮玉米和苜蓿，实现苜蓿和玉米优势互补，提升系统生产力和土地利用率，缓解奶业发展需要的优质苜蓿干草长期依赖进口的问题。

七、床场一体化养牛技术

将牛床与运动场连为一体，牛粪经无害化处理后用作垫料，配合自动供料和供水系统，降低养牛场初始投资和运行成本，确保牛舍没有污水和异味排放，改善牛舍环境，增加产奶量。

八、池塘小水体工程化循环流水养殖技术

通过对传统养鱼池塘进行工程化改造，安装推水设备形成动态流水养殖区，实现高密度养殖，并加装底部吸尘式废弃物收集装置，将粪便、残饵吸出至池塘外的污物沉淀池中处理后再利用，实现在整个养殖过程中水体循环使用、养殖尾水达标排放或零排放。

九、秸秆炭化还田减排固碳技术

将秸秆直接还田变为"收储—炭化—产品化—还田"的技术链条，以炭化技术为基础，通过碳基农业投入品的产业化、规模化应用，实现农田土壤碳封存并减少温室气体排放，促进秸秆全量化利用和耕地质量提升。

十、陆基高位圆池循环水养殖技术

改变传统池塘养殖模式，利用陆基高位圆形养殖池集成高效固体排泄物自净技术、资源化水处理技术、鱼类高密度集约化养殖技术和智能化控制技术等构建不受地形地势影响、不破坏土地性质的新型水产养殖模式，通过蔬菜、微生物分解、藻类和滤食性鱼类的生态互利作用，实现水产养殖尾水低碳高效零污染排放和资源化利用。

知稼穑明人生

全面推进乡村振兴　加快农业农村现代化

民族要复兴，乡村必振兴。全面建设社会主义现代化国家，实现中华民族伟大复

兴，最艰巨、最繁重的任务依然在农村，最广泛、最深厚的基础也依然在农村。

全面推进乡村振兴，加快农业农村现代化，要坚决守住不发生规模性返贫底线。巩固拓展脱贫攻坚成果是乡村振兴的前提和基础。我们应主动作为、积极应变，严格落实"四个不摘"要求，强化防返贫动态监测帮扶，提升"两不愁三保障"和饮水安全保障水平。要落实就业帮扶、产业帮扶等措施，抓好易地搬迁后续扶持，鼓励各类人才投身乡村振兴，促进脱贫县加快发展，让脱贫基础更加稳固、成效更加持续。

全面推进乡村振兴，加快农业农村现代化，要保障粮食安全和重要农产品供给。粮食安全是"国之大者"，我们要严格落实粮食安全党政同责，落实"长牙齿"的耕地保护硬措施，坚决遏制耕地"非农化"和基本农田"非粮化"，健全农民种粮收益保障机制。种子是农业的"芯片"，我们要加强种业科技攻关，补齐种业发展短板，实现种业科技自立自强、种源自主可控，确保在应对各种风险和挑战时赢得更大的主动权，确保在更高水平上筑牢保障粮食安全的根基。

全面推进乡村振兴，加快农业农村现代化，要发展特色现代农业。产业兴旺是乡村振兴的重要基础，也是推进特色现代农业高质量发展的重要抓手。我们要抓住机遇、乘势而上，突出农业全产业链建设，推动产业品种培优、品质提升、品牌打造和标准化生产，培育更多特色产业。要加强地理标志保护和运用，壮大地域品牌，提供更多就业机会，带动当地群众增收致富。要挖掘乡村采摘观光、康养保健等多元价值，发展休闲农业、乡村旅游。不仅要拓宽农民增收路径，让农民从"收一季"到"季季收"，而且要加快产业集聚发展，形成农村一、二、三产业融合发展的好局面，为全面推进乡村振兴注入新动能。

全面推进乡村振兴，加快农业农村现代化，要扎实稳妥推进乡村建设。乡村振兴为农民而兴、乡村建设为农民而建。要立足村庄现有基础，因地制宜地开展乡村建设，严格规范村庄撤并，避免在"空心村"无效投入、造成浪费。要把农民最急需、与农民生产生活紧密相关的设施建设好、设备维护好，统筹推进"四好农村路"等基础设施建设，接续实施农村人居环境整治提升行动，设计推广特色民居，务实推进"厕所革命"，搞好农村生活垃圾处理和污水治理，使农村居民的生活品质更上一层楼。乡村建设不仅要整治提升人居环境，更要加强和改进乡村治理，缩小城乡区域发展差距，让广大农民有更多的获得感、幸福感。要实施数字乡村建设发展工程，推动城乡基本公共服务标准统一、制度并轨，健全乡村治理体系，推进移风易俗，促进农村地区经济社会发展水平不断提升。

◉ 耕读学思 ◉

当前社会，随着城镇化进程的快速推进，各种不平等障碍在城乡人力资本投资中日益显现。根据国家统计局发布的数据显示，2021年全国农民工总量29 251万人，在全部农民工中，男性占64.1%，女性占35.9%。女性占比相较上年提高1.1个百分点。其中，外出农民工中女性占30.2%，本地农民工中女性占41.0%。农民工平均年龄

41.7 岁，比上年提高 0.3 岁。从年龄结构看，40 岁及以下农民工所占比重为 48.2%，比上年下降 1.2 个百分点；50 岁以上农民工所占比重为 27.3%，比上年提高 0.9 个百分点。从农民工的就业地看，本地农民工平均年龄 46.0 岁，其中 40 岁及以下所占比重为 32.6%，50 岁以上所占比重为 38.2%；外出农民工平均年龄为 36.8 岁，其中 40 岁及以下所占比重为 65.8%，50 岁以上所占比重为 15.2%。留守在乡村的人口大多是老年人及妇女、幼童，农村的青壮年劳动力大多到了城镇工作生活，成为农业转移人口。

从第三次全国农业普查数据中可以得出，55 岁及以上的人口且留在乡村从事农业生产活动的人员占到 33.6%，其中拥有高中以上文化程度的仅占 8.3%。留在乡村从事农业生产活动、乡村基层治理工作人员的素质较低，高中文化程度的人员占比极少。

上述的文献资料和数据反映出我国乡村正面临着优秀人才流失、乡村常驻人员素质较低、人才难驻留的现状，因此，针对乡村治理、农村改革、推进农业农村现代化建设的任务和措施难以实行和推进。

思考：随着农业农村现代化的不断推进，我国在乡村人才培养方面面临着诸多问题，如乡村人才匮乏，优秀人才流失严重；乡村人才的培养机制不完善，培养能力亟待加强；乡村人才队伍建设保障政策不完善，难以留住人才等。推进农业农村现代化的关键是什么？针对这些问题，你有什么想法？

走近农民篇：

时代召唤新农民

02

耕读教育教程

项目四 走近农民生活

项目导航

　　农民日常生活习俗包括三种：实体性习俗，是贯穿在农民衣食住行等生活方式中，集中体现在娱乐活动与节日仪式，依托于具体的文化活动；规范性习俗，是农民自身强制性的规则与民约；信仰性习俗，是农民寻求自身本质意义的习俗。实体性习俗、规范性习俗与信仰性习俗是相互联系、相互作用的有机统一体。

知识结构

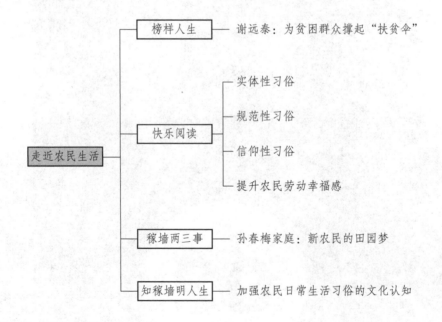

学习目标

【知识目标】

1. 了解农民生活中的实体性习俗。

2. 了解农民生活中的规范性习俗。

3. 了解农民生活中的信仰性习俗。

【能力目标】

1. 能够了解丰富多彩的农民生活。

2. 能够掌握提升农民劳动幸福感的主要途径。

【素养目标】

劳动是人类创造物质财富和精神财富的活动。我们要实现中国梦，实现中华民族伟大复兴，就必须将"劳动"置于最重要的地位，重视劳动，尊重劳动，尊重劳动者，懂得劳动的伟大意义。

🏆 榜样人生 ●

谢远泰：为贫困群众撑起"扶贫伞"

在江西省抚州市广昌县赤水镇天咀村，有这样一位村民，他凭着惊人毅力和执着追求，成功用人工方式培育出茶树菇。他历经创业磨难，坚持43年自费从事食用菌研究开发和技术创新，并免费将发明成果惠及千家万户，为助力脱贫攻坚战做出了重大的贡献。他就是被称为农民发明家的人工种植茶树菇发明人谢远泰。

怀着"让群众种菇脱贫致富"的梦想，谢远泰坚持43年自费从事食用菌研究开发和技术创新，成功培育出"中华神菇"，获得多项国家技术专利。他编制种植标准，开展技术培训、给予技术指导，让发明专利惠及千家万户。

1977年，谢远泰高中毕业后回到广昌县赤水镇天咀村，成为一个小型林场的香菇种植工人。他花费大量时间学习和研究种菇技术，在1992年年初人工培植出了茶树菇，随后通过当时的江西科学技术委员会技术鉴定，并获得国家发明专利。1995年，他坚持走"公司＋农户"的生产经营模式，为农户包技术培训、包原料供应、包产品销售，帮助大批农民脱贫致富。1999年，他的公司成为江西食用菌产业龙头企业，解决下岗工人就业问题，盘活农村剩余劳动力1.1万人。2002年前后，谢远泰和公司却相继"病倒"：谢远泰患上重疾，他的公司也破产倒闭。即便如此，康复后的谢远泰始终没有放弃研究开发茶树菇的新品种，还被当地作为乡土人才聘请进菌菇研究所工作。

更难得可贵的是，谢远泰自愿奉献出他的研究成果，来帮助当地群众增收致富奔小康。他专门制作了一套茶树菇接种、栽培、管理、烘烤等标准化生产技术流程，无偿传授给贫困户和村民，并进入茶树菇大棚为农民讲课，手把手指导农民种植茶树菇。他说，茶树菇产业有发展，能为当地贫困群众撑起"扶贫伞"。

目前，菌菇产业已经成为广昌县重要的扶贫产业。据统计，目前广昌县从事茶树菇菇筒接种、清运卸货、运输、采摘鲜菇的就业人员达1.6万人，食用菌年产量10亿袋，年产值达到30亿元。全县有劳动能力的贫困户户均种植茶树菇1.2万筒，户均增收1万多元。不仅如此，茶树菇作为一项经济效益显著的特色富民产业，全国种植数量达到8.2亿筒，产值达16亿元，带动10万余农民实现了脱贫致富，为助力全县乃至全国贫困群众脱贫攻坚做出了突出的贡献。

快乐阅读 ●

一、实体性习俗

1. 衣食住行

（1）衣着。俗话说：农民吃的是粗粮淡饭，穿的是粗布衣衫。粗布就是农民用自产的棉花，加工成花绒，纺成线，织成的布。

以前，夏天，男人上身穿白色或紫花色的蒜疙瘩扣对门汗褂，下身穿紫花布圆腰裤（图4-1）。女人上身穿条纹或浅蓝色斜大襟衫，下身穿老蓝色或灰黑色圆腰裤，也可以是方格式花样的布做的衣裳。脚上都是穿自己做的鞋袜。

冬天，男人上身穿掩襟对门小棉袄，外套是由紫花棉布做的斜大襟棉袍。下身穿灰黑色的圆腰棉裤。女人上身穿带色的斜大襟小棉袄，下身穿圆腰棉裤，花色可是清一色的红色、绿色、蓝色、灰色、黑色，或是各式大小的方格布。

春秋之季，改穿内外两层不同色粗布做成的夹衣服。

现在，走进服饰商场看一看，服饰的款式新颖，名牌显赫。成衣原料繁多，毛、皮、绒、丝、化纤样样都有。今日的服饰注重穿出健康、健美，讲究名牌、时尚，避寒暑、遮体肤的功能反而屈居其次。

图 4-1　常见的
乡村着装

现在人人穿的都是从市场买到的成衣，家中的缝纫机已失去昔日的风采，放在屋中的角落里成为摆设。谁也不在家中自己做鞋了。因为做一双鞋，不算布料，只是用工，一天也完不成。出去做工，一天也能挣个百元左右，而买双便宜鞋也只花二三十元。所以，无论大人、小孩都穿买的鞋。

（2）饮食。医食同源在我国许多医书上都有记载，如《伤寒论》中记载的150种方剂中，50%以上都含有食物成分。因此，名目繁多的各种药膳，也是我国烹饪技术中的一大特色。农村中常用的食疗方法很多，如把鲜枣煮熟食用可以医治贫血，以香蕉皮熬水喝可以治疗高血压等。用食物治疗疾病，在一定程度上对药物治疗起了相当大的辅助作用。但在改革开放后的今天，由于农村医疗条件大为改善，因此，人们在染病之后大多到医疗诊所或医院去就诊，依靠偏方治大病的历史已成为过去。

随着我国国民经济步入发展的快车道，农村城市化倾向日益明显，无论是大江南北、长城内外，还是边关西陲、东海之滨，生活饮食已是东西兼备、南北荟萃。且因交通的便利，绿色走廊的开通，使得南北东西各地的时令产品朝发夕至，这在过去是不可想象的。饮食的大融合，使得人们的生活习性也在发生微妙的变化，南方人平时也吃北方的水饺，草原牧民生产的牛奶成为全国人民的上佳饮料，农业民族的谷物、蔬菜、水果对畜牧业经济区内的牧民也有一定的吸引力。

我国农村居民在1990年前后开始由温饱型消费结构向小康型消费结构转型。从主食来看，精米、精粉已成为人们"当家"的主食，玉米面、高粱米等粗粮在很多地方已不再是"当家"的主食，这些粗粮在餐桌上已成为换口味的食品。

近些年来，随着经济的发展，我国农村居民的食物结构已有显著改善，在粮食持续增长的基础上，主要动物性食物高速增长，肉、蛋和水产品增加，食物也出现了大幅度增长的趋势。人均每日热能供应量维持在 2 600 千卡的水平上，主要营养素达到世界平均水平。这表明在广大农村也已开始了由主副食并重向副食为主的转变，农村居民消费层次有所提高。

随着"三农"改革的不断深入，农业现代化水平不断跃升，农村居民的温饱已经不再是问题，"忙时吃干，闲时吃稀，不忙不闲时半干半稀"成了历史，人们不仅吃得饱，而且吃得好，普通家庭餐桌上的肉食产品已成平常，而且海鲜、海产等也进入普通百姓餐桌，菜市场和超市肉菜供应非常丰富，夏天有冬天的蔬菜供应，冬天有夏天的蔬菜，无论是天南的还是海北的食品都可以方便地买到。如今，每当忙碌一天的人们聚在露天"夜市"，酣畅淋漓地感受着饮食文化的无穷魅力时，生活的压力、工作的疲惫、心情的烦闷全在这觥筹交错中化为乌有。

（3）住所。过去，大多数人家是一户一个宅院，无论一家有几代人，人多或人少，都是住在同一所庭院中的各个屋内。在农家小院中，大部分有猪圈、粪坑、连茅圈，还有猪舍、鸡窝，居住环境的清洁卫生状况很差。住房八成以上是土坯房（图4-2），墙是用土坯垒的，房顶是用梁檩椽做好房架，铺上苇箔和麦秸，盖一层湿土压平压紧，再抹一层麦秸泥，压实压光即可。少数是表砖房，墙体外表一层砖，内部用土坯垒。更少数是房顶使用炉渣石灰混和好盖一层压实，叫作锤房顶。门是双扇木板门，门板上可插门闩。窗户是木制的小方格木窗。为了增加亮度，在窗户纸上涂上桐油。窗户上很少有安装玻璃的。睡觉的地方是用土坯垒的炕，炕上抹一层麦秸泥，上铺一令苇席。

图4-2　农村的土坯房

中华人民共和国成立后的70年，农民的住房有两次大变革：第一次是拆掉土坯房，盖上表砖房，但还是老旧的门窗，房顶仍然依靠梁檩椽来支撑，院中其他设施未变；第二次是拆掉表砖房，盖上卧砖房，楼板或混凝土浇筑顶，安装现代的门窗，成为宽敞明亮、通风良好的住室。有了院墙、门洞，安装铁街门。院中没有了连茅圈、猪舍、粪坑和鸡窝，厕所改为冲水式，院内种菜、种花，环境变得更加清洁。室内水、电、暖、气齐全。

党中央、国务院将振兴农村作为重中之重的工作，新农村建设稳步推进，在不久的将来，农村会建设得更美丽、环境更优美、居住更舒适、功能更齐全，不逊于城市。

（4）出行。1949年前后，人们赶集上店、走亲访友都是步行前去。只有极少数人家有自行车，那算是稀有、昂贵的代步工具了，一般是不会外借的，而且多数人也不会骑自行车。汽车更是稀有的交通工具，客车比现在的客运飞机还少。

现在坐飞机出远门，已是普通人的常态。高铁、高速公路四通八达，外出办事、旅游，方便快捷。小轿车已走入农户，半数以上的农户都有小轿车。年轻人出门不再骑自行车了，至少也是骑电动车，远一点就开轿车去，连摩托车也显得落后了。现在硬面路村村相连，都通向城市，出行非常便利。

2. 祝祈仪式

传统农耕社会生产力相对落后，主要靠天吃饭，很大程度上是建立在风调雨顺的基础上。农业对于水特别是雨水的过分倚重，使得农民对雨水的崇拜之情相当浓烈，由此衍生出了许多对于雨水崇拜的文化现象，甚至不少带有浓厚的神秘色彩，包含着许多光怪陆离、不可思议的成分，并渗透到人们的思维和行动中，深深地影响了农村习俗。

直到今天，这种神秘文化中的某些因子还深深积淀在人们的心灵深处，成为特有的"集体无意识"，祈求丰收的愿望主要表现在向神灵祈雨。祈雨时所崇拜祭祀之神有天神、龙神、雨神、风神、云神、雷神、虹神、闪电神，以及关公、麻姑等神灵。

（1）攒神。祈雨攒神祭祀活动的根本目的都是求雨。至于它的活动程序，各地的程序方式不尽相同，有的很复杂，有的稍简略，但都是热闹而隆重的。其中，有的攒神活动在每年每村约定俗成的庙会日期间举行，有的时候则是在天旱的时候举行，其中敬献牺牲、桨老爷、打羊皮鼓这些最主要的事项，都是一样或必不可少的。

攒神的时候最热闹的是"桨老爷"请"龙君（或其他神仙）牌位"，"桨老爷"端坐在扎绑两根结实木杆的古色木椅上，由四个年轻力壮的小伙子抬在肩上，由阴阳诵经、主持表明一方人们心愿后，轿子随轿夫在人群中转悠，由慢到快，神灵威势渐显，称为要轿子。当轿夫东倒西歪，围观者躲闪不及的刹那，一个十岁左右的孩子被轿杆击倒，香老即刻扶起，成为抱"漱瓶"（取天水的瓶子）者，随轿到"老龙潭"前；阴阳再诵经，香老再表心思后，将潭中清水舀在孩子紧抱的"漱瓶"中，原路返回，称取回了天水，意谓天要下雨。祈雨者在炎阳下光头赤脚，观看者和行人也不准戴帽，各家门口都要摆香案，焚表纸。若遇久旱不雨，田禾枯萎，一些村庄又会自发起来求神祈雨，但仪式从简。

（2）秋台戏。农历七月中旬左右，麦子归仓，给"土地爷"唱"秋台戏"。由山村能说会道、有威信者牵头，聚集数村焚香拜神的主持，搭台唱牛皮灯影戏（图4-3）或木偶戏数日，同时焚香烧纸，感谢"土地爷"保佑丰收。

图4-3　牛皮灯影戏

（3）烧倒处。甘谷有一种奇异的求雨风俗，叫作烧倒处，是古代"以性娱神"的遗留。遇到持续干旱时，村里的青年小伙集合起来，选出领头者，挨门逐户索要麦秸之类的禾草，每户要得一小把，集中起来扎成一个男性草人，此草人名曰倒处。祈雨时烧倒处，意味着用焚烧的方式惩戒人间不顺礼法的关系，以求上天原谅。草人扎好后，孩子们扛着它到河滩里引火烧掉。倒处燃烧时，孩子们一边狂喊"烧倒处"，一边往火堆中投掷石块、土块以示惩戒。

课堂故事

"建筑是凝固的音乐，音乐是流动的建筑。"窑洞是中国北部黄土高原上居民的古老居住形式。在我国陕甘宁地区，黄土层非常厚，有的厚达几十米，当地居民创造性地利用高原有利的地形，凿洞而居，创造了被称为绿色建筑的窑洞建筑。窑洞一般有靠崖式、下沉式、独立式等形式，其中靠崖式应用较多。过去，一位农民辛勤劳作一生，最基本的愿望就是修建几孔窑洞。有了窑、娶了妻才算成家立业。男人在黄土地上刨挖，女人则在土窑洞里操持家务、生儿育女。窑洞是黄土高原的产物、陕北人

民的象征，它沉积了古老的黄土地深层文化。经过几千年的风雨洗礼，窑洞像一位母亲，亲历着朝代变迁，看着她的土地成长，看着农耕文化的开创发展，有着深厚的农耕文化的痕迹，农耕文化的发展也带动了她的发展。

二、规范性习俗

规范性习俗是宗祠、家庙等集会场所承载着宗祠与家族的训诫与规范。

1. 宗祠

宗祠（图4-4），即祠堂、宗庙、祖庙、祖祠，是供奉与祭祀祖先或先贤的场所，也是我国儒家传统文化的象征。宗祠制度产生于周代。宗祠其实就是祠堂，是一个宗族的象征。宗庙的制度产生于周代，在上古时期，宗庙一般是天子专用的，当时的士大夫是不能建立宗庙的，而随着魏晋南北朝名门望族的出现，祠堂也变得普遍化了，只是随着科举考试的兴起及士族的消亡，民间的祠堂又开始没落。特别是五代至北宋这个时期，一般祖先祭祀仅限于每家每户的正堂，直到宋代朱熹提倡家族祠堂，也就是每个家族独立建立一个奉祀高、曾、祖、祢四世神主的四龛祠堂，也正是在朱熹的倡导下，使得当时的江西、福建、浙江等地在民间掀起了宗祠修建之风。

农村十分讲究修建祠堂位置的选择，一般要求背山面水、依山傍水、坐北朝南、坐向分明、明堂宽阔等，其环境模式最佳的是四周群峰屏列，前有门户把守，后有背山所倚的地貌。讲究环境格局，山明水秀，地灵人杰，文运亨达，丁财两旺，富贵双全。

宗祠中的主祭又称宗子，管理全族事务，因此称为宗长，还有宗正、宗直等职。宗祠体现宗法制家国一体的特征，是凝聚民族团结的场所，它往往是城乡中规模最宏伟、装饰最华丽的建筑群体，不但巍峨壮观，而且还注入中华传统文化的精华。与古塔、古桥、古庙相映，成为地方上一大独特的人文景观，是地方经济发展水平和中华儒教文化

图4-4　宗祠

的代表。宗祠记录着家族传统与曾经的辉煌，是家族的圣殿，作为中华民族悠久历史和儒教文化的象征与标志，具有无与伦比的影响力和历史价值。

宗祠文化有利于乡村治理的和谐与稳定。在乡村治理过程中，"乡村法律"就是祠规民约。祠规民约是族众在历史变迁中，为了更好地维护生产和生活的需要，将一些宗族观念和习俗逐步固定为祠规族训，成为家族、村落或社区共同遵守的行为规范。以重庆万州杨氏宗祠为例，能够造就万州杨氏宗族四百多年的历史而经久不衰，最终发展成为万州一大宗族的原因主要有：首先，宗族内部秩序是通过宗族祭祀活动进行的，这种宗族祭祀活动能够使宗祠在宗族内的地位更加巩固；其次，通过教化族人、规范宗族族人活动、约束族人的言行，最终达到提高族人基本素质的目的；最后，通过奖惩和救助等方式来维系宗族族人直接的和睦。

农村祠堂是本族人祭祀祖先或先贤的场所，是我国乡土建筑中的礼制性建筑，是家族的象征和中心，是乡土文化的根。祠堂文化既蕴涵淳朴的传统内容，也显示出深厚的人文根基，是中国重要的传统文化。当前在美丽乡村建设中，祠堂以其独特的存在形式演绎着现代文明。

在美丽乡村建设中，充分发挥宗祠的文化价值和历史文物价值，以此为载体搭建农村文化礼堂，在保护传统文化、活跃农村公共文化、发展乡村旅游等方面发挥着越来越重要的作用，成为当地美丽乡村建设中的一道亮丽风景。

宗祠是农村文化活动的主要阵地。充分利用祠堂资源，挖掘祠堂文化积淀和传统道德积淀，把一些祠堂发展为农村文化礼堂，成为农村群众性精神文明建设和先进思想文化传播的阵地。古老的祠堂已不是以前那种等级森严、规矩繁多的旧祠堂了，而成为新时期农村文化活动的大平台。利用宗祠开展越剧表演、科技知识培训、书画创作、群众文艺活动，对兴农服务、社会安定做出了贡献，能使古老的祠堂焕发出新的风采。传统文化与现代文化在这里得到了较好的结合。

祠堂是凝聚族群联系、建设和谐乡村的重要纽带。历史上，宗祠是举行祭礼仪式、加强族人训导、联系族众精神纽带、强化家族内部凝聚力和向心力的重要场所。随着市场化、城镇化进程的推进，传统的乡村邻里关系渐行渐远。如何在新时期重塑良好的乡村人际关系、凝聚乡村人心，成为当下美丽乡村建设中的一道难题。族人们相聚在宗祠，缅怀祖先业绩，颂扬祖先恩德，可以极大提升族人的凝聚力。在节日期间举行宗祠集会，把各地经商务工的族人吸引过来，大家齐聚一堂，沟通信息，弘扬传统文化。一些祠堂还把祖传家训和现代村规民约结合起来，悬挂在祠堂里，使族人内心有了更好的行为准则，为和谐乡村建设提供了重要的基础。

祠堂是开展新时期道德教化的重要场所。为延续祠堂在道德教化方面的功能，一些祠堂通过举办开蒙仪式、重阳尊老、移风易俗教育等宣传教育活动来弘扬传统文化。在七龄学童开蒙仪式上，通过为儿童点聪明痣、写人字、念弟子规、发读书用品等活动，加强了对刚刚跨入学校大门的孩子们的启蒙教育，为他们上好人生的第一课。

祠堂是发展乡村旅游的重要载体。祠堂大多具有较高的文物保护价值。例如，联三村赵氏宗祠孝思堂建筑，石柱立地，彩木连宇，结构精美，气势恢宏，为萧山区内少见的古老建筑，很有文物价值。韩氏宗祠有著名金石书画家吴昌硕、萧山籍名人周易藻书写的三副楹联。这些祠堂均为徽派建筑风格，对于研究中国古代建筑美学有相当高的文化价值。对一些年代久远、保存较好、具有一定建筑文化价值、体现地方特色的农村祠堂加以保护和整修，开发成乡村旅游景点。通过发展乡村旅游，不仅让民众加深了对祠堂历史、文化、建筑审美价值的认识，同时，也增强了村民对祠堂的保护意识，拉动了当地农村经济的发展。

在美丽乡村的建设进程中，如何继承、发展农村传统文化是各地普遍遇到的问题。发挥好农村宗祠的作用，可以得到事半功倍的效果。与此同时，祠堂文化也将被赋予新的含义，成为农村公共文化服务体系建设中的重要一环，为农村社会主义精神文明建设做出重要的贡献。

2. 家庙

家庙（图4-5）即儒教家族为祖先立的庙。庙中供奉神位等，依时祭祀。《礼记·王制》："天子七庙，诸侯五庙，大夫三庙，士一庙，庶人祭于寝。"

家庙的产生相对来说较晚，家庙的源头是包括宗祠和宗庙的，只是宗庙在当时是皇权特有的，而这一规定，一直从春秋战国时期延续到了隋唐时期，一千多年的历史，都是要求有爵者才能建家庙，一般居民人家，无论社会地位有多高，还是多富有，都是没有资格建立家庙的。直到宋、元之后，祠堂取代了家庙作为家庭祭祀的场所。所以，到了明、清之后，家庙和祠堂就混用了，意思基本是一样的。

正因为如此，宗祠与家庙的区别就在于，家庙设立之前一定有过高官，但是宗祠不需要，一般就是先有高官才有家庙，先有宗祠才有高官。

图4-5 孔氏家庙

曾经高官比例较高的南方成了家庙的高发地，其他地方就比较容易见到宗祠。当然，无论是宗祠还是家庙，每个地方有自己的独特之处。上述这种情况大部分还是指南方的祠堂与家庙。在北方，一般是很难在乡镇寻到祠堂，更多的是能看到家庙。这种家庙大概是隔几个村庄就会有一个，有的可能规模会大一点，有的可能就只有一间小矮屋，供奉的一般也不是自己的祖先，更多的是一些神灵。

素养提升

当前，我国正在大力实施乡村振兴战略，提高人民群众的获得感和幸福感，弘扬传承农民日常生活习俗，提升农民的文化自信，政府需要加强思想引导与服务引导。坚持农民的主体性，提升日常生活习俗的文化价值。农民对日常生活习俗的现时态度和未来指向，是保持农民文化自信的有效途径。第一，坚持以人为本。农民日常生活习俗的复现应从"重物轻人"的观念中解放出来，注重农村价值秩序的保护，建立乡土秩序与法律、法规共同发挥作用的社会秩序。第二，树立现代化的综合价值取向。从单一的经济价值取向中解放出来，既要坚持经济价值、政治价值、教育价值、精神价值和特色价值等各个方面因地制宜的发展，也应将多维价值同时抓、牢牢抓，谨防片面偏重经济价值而导致农民日常生活习俗功利化、庸俗化。

三、信仰性习俗

信仰性习俗包括农民信仰佛教、儒教、道教，崇拜祖先、图腾等。

1. 宗教信仰

改革开放以来，我国农村的政治、经济和文化环境及生活方式都发生了深刻的变化，对人们的思想观念、世界观、人生观、价值观都产生了或深或远的影响，农村地区的宗教活动相比以前更为活跃，甚至成为部分农村地区社会生活中的重要内容。农村宗教的复兴和发展随着改革开放的进程相伴相随。由于不同地区遗留的历史背景、文化传统和经济现状差异，我国各地方宗教发展表现出各自固有的特征。

2. 自然崇拜

（1）祭河。黄河是中华民族的母亲河，自从人类进入文明发展阶段，祖先们就开始了黄河祭祀活动，黄河祭祀是与人类文明发展同步的。随着历史的发展，人类与自然黄河的依存关系也在不断发生变化，相伴而生的是人类对黄河情感的演变。

①"二月二"龙抬头祭拜。河南省濮阳县渠村乡的黄河岸边有个公西集村和闵城村。公西集村、闵城村过去经常遭受黄河水患，是当地的贫困村。在精准扶贫中，该村通过美丽乡村建设和发展致富产业，打造传统文化品牌，村风、村貌发生了很大的变化，成了远近闻名的非遗村、文旅村。濮阳黄河沿岸乡村，祭祀黄河风俗由来已久。其中，公西集村祭祀黄河已有千年历史。

每到二月初二这一天，祭祀队伍从二贤祠启程，前面有双龙及锣鼓开道，几十个妇女端着花糕供品随行，接着四个精壮男子抬着祭桌，上面摆放着猪头大供、龙王神像，后面是五彩龙旗压阵。当地村民将供桌安放在黄河岸边，供品依次摆好，三拜九叩，祈福黄河保一方平安，最后将祭品沉入黄河。整个祭祀仪式庄严古朴，富含文化韵味，仿佛让人穿越到了上古时代，深深感受到了黄河文化的厚重、魅力。祭祀中的"献玄圭""沉祭品"等是上古祭祀黄河文化的活化石。

②盘子会。柳林县地处晋西北高原，历史悠久、物产丰富、人杰地灵，是黄河文化之传承与集散地，民俗文化活动独具韵味，最富代表性并享誉三晋的盘子会（图4-6）堪为中国黄河流域祭祀文化之一绝，而祭品馍花则是民以食为天的粮食图腾崇拜的历史见证。盘子会随着元宵节的发展而发展，每年正月十五，彩盘布满大街小巷，各种民俗活动丰富多彩。盘子的绘画主要分布在内装板上，以各种历史故事、神话人物、神话传说为主，如四大金刚、十八罗汉、麒麟送子、观音菩萨、二十四孝图等。

图4-6　盘子会

柳林盘子源于古代的搭神棚，又称盘子会会、三官会会、天官会会、小子会会。柳林盘子是高度浓缩的庙宇，是一门集雕刻、绘画、建筑、面塑为一体的民间艺术，由精雕柱廊、彩绘木板等组合而成，有铁制、木制、铁木组合之分，古朴苍劲、构思奇巧，饰有梁栋、檐柱、斗拱、屋顶、飞檐、铜铃、铁马、玻璃、纱窗、楹联等，雕工精细，包括二龙戏珠、龙凤呈祥、琴棋书画、麒麟送子等历史故事。

盘子会保留了华北地区特别是黄土高原以民间信仰为特点的民间祭祀文化，盘子内要摆放各种食品祀神，其面塑供品最具特色，面塑种类有枣山、枣洞洞、大供、三牲

（面猪、面羊、面鱼）、面雁等，造型生动、制作精巧。

（2）祭山。

①羌族"祭山会"。羌族最隆重的民族节日为"祭山会"（又称转山会）和"羌年节"（又称羌历年），分别于春秋两季举行。春季祈祷风调雨顺，秋后则答谢天神赐予的五谷丰登，实际上是一种春祷秋酬的农事活动，却始终充满浓郁的宗教色彩，更折射出远古神秘文化的光辉。

举行祭山会的时间各地并不统一，有正月、四月、五月之分，也有每年举行1～3次，祭山程序极为复杂，大致可分为"神羊祭山""神牛祭山"和"吊狗祭山"三种。大典多在神树林一块空坝上举行。一些地方祭山后还要祭路三天，禁止上山砍柴、割草、挖苗、狩猎等。

②布依族"三月三"。每年的农历三月初三，对于贵州省黔西南州贞丰县的布依族同胞来说，是一个盛大的节日。因为这天，全村的村民将聚集在一起，迎接一年一度的祭山仪式，祈盼风调雨顺、五谷丰登，寨内吉祥安定。

"三月三"是贞丰县布依族传统的节日，已有上百年历史，于2011年入选第三批国家级非物质文化遗产名录。布依族同胞每年在农历的三月初三这天自发组织到山神庙前求雨拜神，一来祈求寨内平安，二来祈求风调雨顺。

素养提升

在新时代加强农民日常生活习俗的文化自信迫在眉睫。这不仅是农民顺应时代发展的要求，也是农民保持自身独立发展的有效途径，更是乡村振兴的需要。新时代的农民只有保持富有乡土性的日常生活习俗，坚定日常生活习俗的文化自信，才能更好发挥农民在乡村振兴中的主体性，自觉做新时代农村的主人。

四、提升农民劳动幸福感

提升农民劳动幸福感，在社会主义条件下要克服异化劳动，使劳动变成自由的创造性活动，要加强社会主义核心价值观的引导；坚持科技与劳动并重，实现创造性劳动；尊重多种劳动形式，实现体面劳动。

1. 加强社会主义核心价值观的引导

《关于培育和践行社会主义核心价值观的意见》中明确指出，"城乡基层是培育和践行社会主流价值的重要依托，农村要重视社会主义核心价值观的培育和践行"。只有依靠正确价值观教育，才能使广大农民认识到劳动是可以带来幸福的。加强对农民社会主义核心价值观的引导，提升农民的劳动幸福感主要通过教育与宣传两种手段来实现。

（1）基层政府应开展教育工作，加大对农村基础教育的支持力度，从娃娃抓起，使农民认识到基础教育的重要性，认识到劳动的重要性。

在农村师资队伍上，国家应积极出台更多的政策，提高乡村教师的社会地位和待遇水平，培养一批优秀的师资力量，让农村学生从小树立正确的价值观，在日常学习中增强对劳动的认识。此外，要重视成人教育的发展，提升农民大众的劳动技能，使农民的物质生活得到保障，精神文化世界丰富多彩，从而增强对其正确价值观的引导，增强对劳动幸福感的认知。

（2）加大宣传力度，尤其要重视宣传方式。随着科学技术的发展，当今已经有了多种传播知识和信息的手段，传播效率大大提高。面对这些便利的条件，一定要将主流媒体的作用发挥出来，使其对农民发挥正确的引导作用。通过农村墙体广告增强宣传效果，以直白、简单的文字潜移默化地影响农民的思想意识，使农民在社会主义核心价值观教育和引导的同时也能在劳动中找到乐趣。在宣传队伍上，培养一批高素质的宣讲人员，多组织一些农民喜闻乐见的活动，增强农民对社会主义核心价值观的正确理解和认识，使通过劳动获得幸福的观念深入人心。

2. 坚持科技与劳动并重，实现创造性劳动

劳动幸福必须建立在合理利用技术进步的基础上。科学技术的进步可以改善生产设备，减轻农民的工作量，提高农民的劳动效率，增加农民的幸福感，并有助于改善劳动福利。党的十九大报告提出，"要建设知识型、技能型、创新型劳动者大军，弘扬劳模精神和工匠精神，营造劳动光荣的社会风尚和精益求精的敬业风气"。

如今社会，科学技术的飞速发展是劳动在新时代所面临的一大机遇和挑战，随着科技的发展，劳动形式也发生了重大的变化。习近平总书记也在多个场合多次强调劳动的创新性、创造性，提倡"首创精神"，呼吁劳动中的创新意识，这也呼应了现代劳动发展的新形式——创新劳动。只有将科技与劳动结合起来，才有可能实现创造性劳动。

（1）要发扬创造性劳动，培养创新型劳动者。中华民族近代以来最伟大的梦想是实现中国梦，而中国梦的实现离不开创新劳动。我国作为世界上最大的发展中国家，人口众多，农民数量占比大，因此培养创新型劳动者，使农民通过自己的脑力劳动逐渐促进技术的革新，成为新时代的创造型人才，从而提高劳动效率，产生更多的劳动成果。

（2）要发扬创新精神。一个民族是否进步的关键要看创新，一个国家是否发展的关键也要看创新。因此，实现创造性劳动，必须大力发扬创新精神。习近平总书记指出："正是因为劳动创造，我们拥有了历史的辉煌；也正是因为劳动创造，我们拥有了今天的成就。"因此，劳动者只有善于掌握新知识、新技能，才能泰然应对变化，创造更大的价值。尤其是在农业方面，应着力提高农民的学识和知识，提升农作物种植技能，派遣一批相关专家进行专门指导工作，在实现由体力劳动向智力劳动转变的基础上，提升人民的劳动幸福感。

3. 尊重多种劳动形式，实现体面劳动

劳动幸福观的价值意蕴是要尊重劳动，倡导要幸福劳动。只有当人的劳动得到尊重，自己才会被尊重。人只有得到尊重，才会有幸福感。在现实生活中，要实现体面劳动，维护劳动者尊严，让人们在劳动中获得幸福，应通过实际行动表现出来。

（1）尊重劳动者，增添其美好劳动的意愿性。各行各业的劳动者，不仅为我们创造了物质财富和精神财富，也为我们创造了美好的幸福生活。没有他们的劳动，就没有社

会的进步和发展。我们应树立平等的劳动观念，平等看待劳动者，尊重劳动者。马克思曾经说过："我的劳动是自由的生命表现，因此是生活的乐趣。"人们可以自由地锻炼自己的身体和智力，不断地自我完善和提高自己。只有当劳动者工作的意愿性有所提高时，才能充分发挥他们的积极性和主动性，同时，使他们在劳动中获得幸福。

（2）尊重多种形式的劳动，社会主义的各种价值观念必须以劳动为根基。正如习近平总书记所说："在我们社会主义国家，一切劳动，无论是体力劳动还是脑力劳动，都值得尊重和鼓励；一切创造，无论是个人创造还是集体创造，也都值得尊重和鼓励。"我们必须尊重智力和体力的共同消耗，以及复杂的专业技能和简单的非专业技能的支出，要充分认识到一切为我国社会主义现代化做出贡献的劳动都是光荣的，都应该得到承认和尊重，决不能以通过劳动获取报酬的多少作为衡量某项劳动尊贵或卑贱的依据。只有这样，才能让人们在劳动中提升幸福感。

素养提升

农民的劳动幸福感对社会发展进程有着重大的影响，使农民在劳动中获得幸福，增强农民的劳动幸福感，既是顺应新时代中国特色社会主义发展的要求，也是满足广大农民对美好生活热切期盼的要求。因此，正确分析我国农民在幸福感上存在的主要问题，寻找解决此问题的有效路径，让劳动过程真正成为幸福的过程，切实增强农民的劳动幸福感，是新时代劳动幸福观视域下增强农民劳动幸福感的一项重要任务。

◆ 稼穑两三事

孙春梅家庭：新农民的田园梦

一、夫妻辞职回乡创业

2005 年，孙春梅的丈夫曹荣辞职回乡创办南通金羽禽业发展有限公司，当起了"鸡司令"。起初，丈夫提出这个想法时，孙春梅感到十分意外，当即表示反对。但看到丈夫那坚决的眼神，想着他那句："农村是个广阔天地，我们学农的人到农村才能学以致用，有更大作为。"孙春梅被深深地触动了。2006 年，孙春梅也辞去工作，回到田地。

受 QQ 农场偷菜游戏启发，孙春梅投入 300 多万元，流转 200 多亩地，创办开心田园生态农场，包含开心农场、开心鱼塘、开心牧场等板块。她专门辟出一方田地，用篱笆围成一个个小方格，打造成"亲子开心农场"，供游客以家庭为单位租下来，插上由各家自己起的名字如"童童梦园""瑞玥小园"等字样的牌子。每逢节假日，家长们带着孩子来种植庄稼、认识花草、享受劳动和收获的快乐；而在工作日，开心农场则无偿向社区党组织和党员居民开放，成了党员们的活动基地。他们在农场的阅览室里研读最新的文件和政策、学习党员优秀事迹，为区域党建融合提升推波助力。

二、为家乡农业发展出谋划策

2012 年，开心农场开始试水电商，是通州区"触网"较早的农企。接着，农场又开辟"从地头到餐桌"的有机蔬菜家庭配送业务，客户只需要在网上下单，想要的农产品即可配送到家。

多年来，孙春梅时刻不忘党员身份，为当地的农业发展出谋划策，贡献力量。她多次组织当地种养殖大户开设"农夫市集"，把优质农副产品推广给市民。2015 年，孙春梅创建了南通金羽农民创业园，对返乡农民和大学生进行创业孵化与指导、资源政策对接，孵化新型农业经营主体。她先后获评江苏省"最美巾帼人物"、全国巾帼创业标兵、全国科普惠农带头人等多项荣誉，央视七套《农广天地》栏目专题报道了她的创业故事。

三、"家长学吧"助力乡村家庭教育

在多年的农村创业过程中，孙春梅夫妇注意到农场周边有很多孩子由于交通、家庭等各种条件的制约，无法像城里孩子那样充分享受阅读及丰富的课余生活，于是萌生了为乡村家长和孩子提供相关服务的念头。在区妇联的指导下，孙春梅在农场筹建了乡村公益书吧、妇女儿童之家，创办了"开心农场家长学吧"。"开心农场家长学吧"致力于提升家长的家庭教育能力和水平，为孩子营造健康成长和发展的环境。

孙春梅夫妇提倡生活即教育的理念，针对有机农场特点，积极向家长和孩子们进行农耕文化科普和食品安全教育的宣传推广，号召更多的家庭关注环保和食品安全问题。开心农场还开辟采摘、烧烤、住宿、餐饮专区，开展看露天电影、篝火晚会等亲子活动，构建情景式家庭教育新模式，努力提高家庭教育的实效。自"开心农场家长学吧"成立以来，已举办家庭教育公益讲座 15 场次，亲子实践活动 53 场次，受益家长达3 000 余人次。

20 多年来，孙春梅和曹荣共同建立了一个互敬互爱、和睦邻里、和谐美满的大家庭。他们的两个孩子在坚韧、勤劳、向上的家庭氛围中长大，从小耳濡目染，热爱生活，积极阳光。"我的家就是我们圆梦的地方，就是家人们爱的天堂，就是我们停靠的幸福港湾。"孙春梅说。

知稼穑明人生

加强农民日常生活习俗的文化认知

步入乡村振兴时代的农民，为迎接崭新的自己，就必须坚定文化自信，特别是要坚持与生活息息相关的日常生活习俗方面的文化自信。这就需要加强农民对日常生活习俗的文化认知；加强对自身文化的灵活运用和责任担当，激活农民日常生活习俗的文化自觉；对自身文化坚定信念，做好日常生活习俗的传承与发展。

增强新时代农民文化自信，首要任务是加强农民对日常生活习俗的文化认知。坚定文化自信，离不开对中华民族历史的认知与运用。因此，要明确日常生活习俗文化认知的范畴。

明确农民对日常生活习俗的认知内容，是远远不够的。为确保日常生活习俗"活"在农民的生活中，需要遵循认知规律，建立农民群体的文化记忆。文化认知的教育有赖于通过多次反复的视觉、听觉、触觉的刺激，形成短时记忆和长时记忆，由表象系统的建构形成概念，通过情感体验和心灵濡化，形成价值观。

首先，依据社会主义核心价值观，将目前的日常生活习俗取其精华、去其糟粕，并转化为文字、数字形式融入社会、学校和家庭教育中，扩大教育覆盖面，增加教育次数。

其次，充分利用文化空间与文化景观培育情感纽带与心灵认同。针对实体性习俗，采用沉浸式体验引导农民多听、多看、多做相关的文化活动；针对规范性习俗，需要由静止式文本学习逐步过渡到动态式活动参与；针对信仰性习俗，需要充分利用相应的文化景观，加强社会主义核心价值观的文化认知，并在遵循社会主义核心价值观的基础上发展我国本土宗教。

最后，充分利用政府主导的公共文化服务体系，利用现有的文化设施、文化培训与文化场地开展有关的陈列与表演。

耕读学思

59 岁的新安镇贾楼村会计王洪杰说："我比新中国小了一岁，也算是新中国的同龄人。我印象最深的就是小时候家里吃饭，把红薯蒸熟后蘸着盐水吃，一天三顿主食都是红薯，就那还不一定吃得饱，白面要赶上逢年过节才能吃得到。现在，每天吃饭我都讲究营养搭配，多吃豆制品和含高纤维的蔬菜，我今年60岁了，身体不比年轻人差多少。"

从"吃不饱"到"吃得好"，反映的是农民生活水平"从贫困到温饱、从温饱到小康"不断变迁的历程。新中国成立初期，沈丘县农民每人每年平均只有50多千克口粮，按照当时的说法就是"人瘦、畜瘦、地瘦、集体空、家底空"，多数农民"冬靠干菜填肚皮，春挖野菜度日月"。随着土地承包、取消农业税、新农村建设等一系列惠农政策的实施，全县农业和农村经济快速发展，结构不断优化，农民收入持续增长，生活水平也如芝麻开花节节高。

思考：衣食住行作为衡量农民生活水平的具体标尺，从"吃不饱"到"吃得好"……一个个精彩的变化，见证了新中国成立以来农民生活所发生的巨大变化。综观农村发生的翻天覆地的变化，城乡差别逐渐缩小，人民生活得越来越幸福。你还看到了农村农民生活的哪些变化？

项目五 向农民学知识

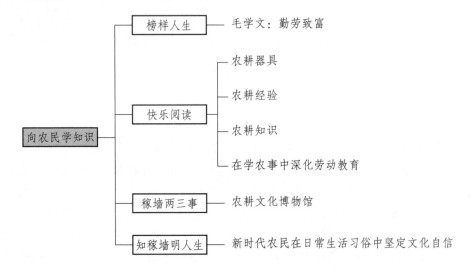

📍 **项目导航** ●

　　优秀传统文化是一个国家、一个民族传承和发展的根本。我国自古就是农耕社会，农业文明繁荣富贵发达，凝结着先人无数的智慧。了解农耕文明，学习农耕知识，是对学生一次很好的教育。如此，农耕文化才不会断代，不会被遗忘，不会只陈列在博物馆中，在现代社会也能变得鲜活起来。

💿 **知识结构** ●

向农民学知识

- 榜样人生 —— 毛学文：勤劳致富
- 快乐阅读
  - 农耕器具
  - 农耕经验
  - 农耕知识
  - 在学农事中深化劳动教育
- 稼墙两三事 —— 农耕文化博物馆
- 知稼墙明人生 —— 新时代农民在日常生活习俗中坚定文化自信

📖 **学习目标** ●

【知识目标】

1. 熟悉常见农耕器具的用法。

2. 掌握基本的农耕知识。

3. 学会在学农事的过程中深化劳动教育。

【能力目标】

1. 能够认识基本的农耕器具。

2. 能够掌握基本的农耕知识，并灵活运用到生活中。

【素养目标】

"三人行，则必有我师。"通过向农民学习专业的农学知识，提升自身的劳动素质，培育健全的劳动心态和劳动观念。

榜样人生 ●

毛学文：勤劳致富

谁也没有想到，几年前他还是官港镇的困难户，而现在，他凭着发展茶叶苗圃和加工茶叶，竟然一年有十几万元的纯收入，不仅如此，他还解决了本地多名闲散劳动力就业。他就是东至县官港镇杨村村民毛学文。

毛学文今年68岁，他的妻子患有严重股骨头坏死，完全丧失劳动能力，十几年住院、服药，压得这个原本困难的家庭喘不过气来，2014年被列入建档立卡贫困户。

毛学文说他从年轻时候起就喜欢培育茶苗，并且还开发了好几个品种。2014年，政府给他提供贷款和茶苗，帮他协调茶山，原本胆怯的毛学文，不仅将自家的田地全部种上茶叶，还承包在外务工的乡邻的田地，发展茶叶苗圃。当年仅苗圃就收入2.5万元，妻子治病的钱报销了大半，除去各种开支，家庭纯收入近万元，顺利实现脱贫。

近几年，毛学文茶苗生产越做越大，年生产乌牛早、元宵早、红旗一号、朱叶齐等品种茶苗达20万株。目前，这些茶苗除在本县的花园、利安、源口等老茶区广为种植外，外省市也有客户前来买茶苗。

毛学文是个勤劳的人，这些年他还经营了十几亩茶山，除销售一些鲜草外，还加工制作红茶，这样，原先给别人打工的他，现在自己的苗圃基地和茶厂一年要用上百工人，有时本村劳动力不够，还要到外地请人。

"每年苗圃要用100多个工人，我还做红茶，每年加工红茶有一万多元，总共要付工资六七万元。"毛学文说，干活才能挣钱，今后，他将继续努力，带领更多的乡亲致富。

快乐阅读 ●

一、农耕器具

碌碡（图5-1）又称碌轴，是中国农业生产用具，也是一种用以碾压碾场的畜力农具。碌碡总体类似圆柱体，中间略大，两端略小，宜于绕着一个中心旋转，用来轧谷物、碾平场地等。

梿枷（图5-2）由一个长柄和一组平排的竹条或木条构成，用来拍打谷物、小麦、豆子、芝麻等，使籽粒掉下来。梿枷由梿把和枷扇构成。梿枷把多用长约6尺①的竹竿

---

① 1尺 ≈ 0.33米。

制作，将一端尺许处用火烤软后劈去一半，再将留下的一半折弯与手杆平即柄。梿枷扇是将约为3尺长、大拇指般粗细、质地较硬的木条5～6根平列并排，用牛皮条或其他耐磨的牲畜皮条交叉编织在梿枷拍轴套上。将梿枷扇套在枷把折弯处，即成完整的梿枷。

图 5-1　碌碡

图 5-2　梿枷

使用时，操作者将梿枷把上下甩动，使梿枷拍旋转，拍打敲击晒场上的麦穗，使之脱粒。农村打场时，人们互相帮工，结伙打场，碾场时要"抖场"，就是畜力或拖拉机碾压一阵后要将粮食作物重新翻搅抖落一遍，重新碾压，如果使用梿枷拍打，就是七八个人或十几个人集结在一起，各执梿枷自动分成两排，面对面地拍打，纵横移动。双方梿枷举落整齐一致，你上我下，彼起此落，错落有致，响声雷动，节奏分明。打场的时候，东家要请帮忙的人吃饭。

镰刀（图 5-3）是农村收割庄稼和割草的重要农具，由刀片和木把构成。

石碾（图 5-4）是一种用石头和木材等制作的使谷物等破碎或去皮使用的工具，由碾台（也称碾盘）、碾砣（也称碾磙子）、碾框、碾管前、碾棍（或碾棍孔）等组成。石碾是我国历史悠久的传统农业生产工具，能以人力、畜力、水力使石质碾盘做圆周运动，依靠碾盘的重力对收获的颗粒状粮食进行破碎、去壳等初步加工，该生产工具是我国劳动人民在几千年的农业生产过程中逐步发展和完善的一种重要生产工具，至今在许多农村地区仍被使用。

图 5-3　镰刀

图 5-4　石碾

锄（图5-5）是传统的长柄农具，其刀身平薄而横装，收获、挖穴、作垄、耕垦、盖土、筑除草、碎土、中耕、培土作业皆可使用，属于万用农具，是农人最常用的工具之一。使用时以两手握柄，做回转冲击运动。其构造、形状、质量等依地方、土质而异。

图5-5 锄

课堂故事

2021年，江苏科技大学电子信息学院学生走进句容市下蜀镇桥头村，开展以"科大启航，走进乡镇"科技帮扶为主题的暑期志愿实践活动。在村委曹书记的带领下，返家乡实践团队全体成员一起向农民伯伯学习种植水稻的基础知识，在田间地头学习水稻苗秧盘的制备方法和抛栽的播种方法。农民伯伯手把手地教队员们插秧，将一大把秧苗分成一小簇，然后弯腰插入稻田里，插秧的方法看似简单，但是在实际的操作中往往很难把握插秧的力度。虽然同学们只动手操作如何将秧苗放入盘中，但过不多时就已经累得满头大汗，深深地体会到了粮食的来之不易。其中一位同学在农民伯伯的协助下体验了整地机烦琐的操作流程，亲身体验了机械化的种植模式。在学习种植水稻基础知识的过程中，农民伯伯充满笑容地向同学们强调国家政策给生活带来的便利，这些便利减少了他们的生活压力，提高了他们的生活质量。

二、农耕经验

1. 农时

中国人将"节气"称作"节令"，一个"节"字反映了中国人师法自然、心存敬畏的思想领悟；一个"令"字彰显出中国人顺应天意、天时难违、时不我待的文化态度。体悟到这一季节轮转的逻辑，就明白了天地之心的深长意味。

二十四节气（图5-6）的产生，大致反映了早期先民为了适应变化的气候环境，努力追求与大自然达到和谐的艰难历程。早期先民从被动地接受自然的驱使，逐步变为主动认识自然、物候和气候，并与自然和谐共处。可以说，二十四节气的酝酿乃至形成，体现了古人敬畏自然、因循规律的生态主张。

我国自古以农立国，农业的产生不仅较早，而且具有早熟早慧的明显特征。先民在辛勤的劳作中，逐渐积累起有关天文、地理、气候、土壤等方面的农业知识。二十四节气的酝酿与产生，不仅反映出中国古代农业生产的发达成熟，也显示出先民充分结合天文学、十二律、阴阳思想等文化因素，在农学思想发展史上所达到的高度和水平。古人遵循中国传统哲学中的宇宙论、自然论和天人感应论，在农业生产乃至整个社会生活中，都会注意与自然界气候变化的节律保持一致。借助二十四节气，先民将一年定格到耕种、施肥、灌溉、收割等农作物生长、收藏的循环体系之中。

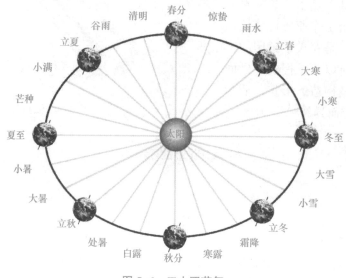

图 5-6　二十四节气

二十四节气本应属于传统历法，我们的祖先却在其中暗藏文化意蕴。他们深深懂得，自然万物在春天生发，在夏天成长，在秋天收敛，在冬天宅藏。从表面上看，二十四节气与阳历、阴历似乎互不关联，但在农业生产和社会生活中互为补充、交错使用，形成了协调并用、多元统一的时间体系。这一时间体系构成了中华民族节日体系和民俗活动的文化背景。

一岁四时，春、夏、秋、冬各三个月，每月两个节气，每个节气均有其独特的含义。二十四节气准确地反映了自然节律变化，不仅是指导农耕生产的时节体系，更是包含丰富民俗事象的民俗系统，蕴含着悠久的文化内涵和历史积淀，是中华民族悠久历史文化的重要组成部分。

（1）春季。

①立春：标志着万物闭藏的冬季已过去，开始进入风和日暖、万物生长的春季。

②雨水：标示着降雨开始，适宜的降水对农作物的生长很重要。

③惊蛰：气温回暖、春雷乍动、雨水增多，惊醒蛰伏于地下冬眠的昆虫。

④春分：居春季三个月之中，这一天白天黑夜平分，意味着天气暖和、雨水充沛、阳光明媚。

⑤清明：气清景明，时值阳光明媚、草木萌动、万物皆显，自然界呈现生机勃勃的景象。

⑥谷雨：雨生百谷，降雨量充足而及时，田中的秧苗初插、作物新种能茁壮成长。

（2）夏季。

①立夏：表示盛夏时节的正式开始，逐渐升温、炎暑将临，雷雨增多，是农作物进

入旺季生长的一个重要节气。

②小满：意味着进入了大幅降水的雨季，雨水开始增多，往往会出现持续大范围的强降水。

③芒种：气温显著升高，雨量充沛，如稻、黍、稷等有芒的谷类作物可种，过此即失效。

④夏至：此时北半球各地的白昼时间达到全年最长，这天过后阳光直射点开始从北回归线向南移动，北半球白昼将会逐日减短。

夏至

⑤小暑：表示盛夏正式开始，天气开始炎热，但还没到最热。

⑥大暑：炎热之极，"湿热交蒸"，阳光猛烈、高温潮湿多雨，虽不免有湿热难熬之苦，却十分有利于农作物成长，农作物在此期间成长最快。

（3）秋季。

①立秋：阳气渐收、阴气渐长，由阳盛逐渐转变为阴盛的节点，意味着降水、湿度等，处于一年中的转折点，趋于下降或减少。在自然界，万物开始从繁茂成长趋向萧索成熟。

②处暑：即为"出暑"，是炎热离开的意思。太阳直射点继续南移、太阳辐射减弱，副热带高压也向南撤退，气温逐渐下降，暑气渐消，天气由炎热向凉爽过渡，要注意预防"秋燥"。

③白露：昼夜热冷交替，寒生露凝。由于天气逐渐转凉，白昼有阳光尚热，但太阳一落山气温便很快下降，昼夜温差拉大。

④秋分：太阳光几乎直射地球赤道，全球各地昼夜等长。时至秋分，暑热已消，天气转凉，暑凉相分。

⑤寒露：寒气渐生、气温骤降，昼夜温差较大，并且秋燥明显，气爽风凉，少雨干燥。

⑥霜降：气温骤降，早晚天气较冷、中午则比较热，昼夜温差大。由于"霜"是天冷、昼夜温差变化大的表现，故以"霜降"命名。霜降节气后，深秋景象明显，冷空气南下越来越频繁。

（4）冬季。

①立冬：意味着生气开始闭蓄，万物进入休养、收藏状态，气候也由秋季少雨干燥渐渐向阴雨寒冻的冬季气候转变。

②小雪：意味着寒流活跃、降水渐增。"雪"是水汽遇冷的产物，代表寒冷与降水，这时节寒未深且降水未大，故"小雪"形容的是这个节气，不是表示这个节气下很小量的雪。

③大雪：气温显著下降、降水量增多。

④冬至：是北半球各地白昼最短、黑夜最长的一天。自冬至起，太阳高度回升、白昼逐日增长，冬至标示着太阳新生，太阳往返运动进入新的循环。

⑤小寒：是天气寒冷但还没有到极致的意思。冬至之后，冷空气频繁南下，气温持续降低，温度在一年的小寒、大寒之际降到最低。

⑥大寒：天气寒冷到极致的意思。根据我国长期以来的气象记录，北方地区在小寒节气最冷；但对于南方大部地区来说，是在大寒节气最冷。大寒以后，立春接着到来，天气渐暖。

遥想古代的乡村生活，居住在田野之中的乡民，日出而作、日落而息。一年四季的气候变化，影响着农耕的条件和劳作的心情。劳作归来，农民沿途和同伴交换着对自然的观察、对生活的体验，交流着节令对农业的影响。

二十四节气在今天依然没有过时，是因为无论今天农业如何发达，本质是不会改变的，即依赖自然而生产，依然要遵循自古以来形成的这套时间体系。因为这套时间体系对农业生产具有非常重要的指导意义，不仅能指导人民的农事活动，而且可为千家万户的衣食住行提供保障。今天的农业，在传统的基础上加入了工业化的要素，尽管做出过很大的贡献，但也存在着许多难以回避的问题。这些问题的解决需要遵循"天人合一"的思想，传承二十四节气背后所包含的理念，因时制宜，找到与自然和谐的生产方式。

素养提升

二十四节气对美丽乡村建设产生积极的影响。我们知道，无论工业化的程度有多高，乡村依然是中国社会的最大板块，城乡之间的互动应该是双向的、良性的，不能因为工业化而让乡村失去了它应有的韵味。通过二十四节气，生活在都市的人们能够了解乡村，时时刻刻提醒人们，城市不能离开乡村，让生活在城市中的人们，望得见青山，看得见绿水，记得住乡愁。

2. 农谚

农谚（图5-7）是指有关农业生产的谚语，是农民在长期生产实践中总结出来的经验。农谚是广大农民在长期的农业生产实践中，对天时气象与农业生产关系的认识，在不断深化和升华的基础上总结出来的。虽只寥寥几字，却是对农业生产与天时气象关系的深刻总结和高度概括，可谓道理深刻。

它产生于农业生产实践，又指导和服务于农业生产实践。不但在气象科学不发达的过去，对促进农业生产丰产丰收有重要的意义，而且在科学种田较普及的今天，仍有现实意义。难怪农民对它铭心不忘。

如果音乐、舞蹈、歌谣都起源于劳动，那么农谚则是农业劳动中从歌谣分化出来的一支重要分支。歌谣与农谚的不同，在于前者是倾诉劳动人民的思想、感情，即着重社会关系方面的；而农谚则描写劳动人民与自然斗争，即着重生产方面的。这种区分是后来逐渐发展的结果，其实两者之间并没有截然划分的界限，因为农谚本来也可以包括除农业生产外的"立身处世"经验，再说农谚的音律和谐，合辙押韵，形式动人，富有生活气息，也难与歌谣截然划分。古代农业社会更是如此。如《诗经》的"七月""甫田""大

渔樵农耕音乐

图 5-7 农谚：立春落雨到清明，一日落雨一日晴

田""臣工"等，既是歌唱农事操作的，又是农民抒发感情的。随着农业生产的发展，农谚才从歌谣中逐渐分化出来的。同时，属于纯粹生产经验的农谚，也不断增加、丰富起来，成为指导生产的一个重要部分。

农谚是劳动人民长期生产实践中积累起来的经验结晶，它对于农业生产必然起着一定的指导作用。特别是在封建社会中，劳动人民被剥夺了读书识字的权利，他们的经验主要靠"父诏其子，兄诏其弟"的口头相传方式流传和继承下来，农谚就是其中的一个方面。例如，在封建社会时期，还没有现代的温度计、湿度计等仪器，农民就拿多年生树木的生长状态作为预告农事季节的依据，因为多年生树木的生长在一定程度上反映了一定的客观气候条件，因此，产生了"要知五谷，先看五木"的农谚。在指导播种期方面，有许多反映物候学的谚语，如"梨花白，种大豆""樟树落叶桃花红，白豆种子好出瓮"，以及"青蛙叫，落谷子"等。更多的是根据二十四节气指出各种作物的适宜播种时期，如"白露早，寒露迟，秋分草子正当时""秋分早，霜降迟，寒露种麦正当时""人误地一时，地误人一季"，以及"白露白，正好种荞麦"等。农民有了这些农谚就能掌握适时播种。此外，如"立冬蚕豆小雪麦，一生一世赶勿着""十月种油，不够老婆搽头"等谚语是失败教训的总结，提醒人们要抓紧季节，不误农时。

农民有了这些农谚，就好像现在有了技术指导手册一样，曾经有很大的指导作用。如果把作物生产的全部过程分成几个环节，几乎每个环节都有一定的农谚。如水稻从播种起，选用良种有"种好稻好，娘好囡好"等；培育壮秧有"秧好半年稻"等；插秧技术有"会插不会插，看你两只脚""早稻水上漂，晚稻插齐腰"等；施肥有"早稻泥下送，晚稻三遍壅""中间轻，两头重"等；田间管理有"处暑根头摸，一把烂泥一把谷"等。

三、农耕知识

1. 耕作方式

中国作为公认的农业生产大国，土地的耕作和农业生产工具的发展历程似乎可以作为一本传承千年的史书。如果以生产工具为依据，可以对不同时期的耕作方式进行划分，但无论是远古时期的刀耕火种，抑或是石器时代的石器锄耕，还是战国时期的铁犁牛耕……这些传统而又厚重的耕作方式都在不知不觉间影响着华夏民族。

在漫长的人类成长过程中，我们的祖先也在不断探索和发现更加便利的生活条件，可以说人类对于美好生活的追求永不止步。百姓对于耕作方式的探索和生产工具的革新似乎也从未停歇，而我们作为农业生产技术的受益者和传承人有责任和义务去传承发扬它们。

（1）刀耕火种。提到刀耕火种（图5-8），人们可能会觉得比较陌生，但从中国农业发展史来看，刀耕火种是一段重要的历史时期。"面朝黄土背朝天"的土地耕作模式作为农业生产的主要手段，其耕作方式也在不断变化。刀耕火种作为新石器时代主流的一种农业经营方式，直到现在依然很有研究价值。具体来说，刀耕火种又被称为迁移农业，主要是对原始的荒地进行耕作的一种手段。

耕作时人们会先用石斧或者铁斧砍伐地面上树木的枯枝，然后将这些草木聚集在地面，把它们晒干后用火焚烧。焚烧后下面的土地会变得松软，再将焚烧后的草木灰作为肥料进行施肥，经过人工不断地打理，这片荒地一般一年以后就可以进行耕作。但这种劳累而又烦琐的耕作方式导致了土地农作物产量较低，随着科学的进步，刀耕火种也逐渐被淘汰。

图5-8 刀耕火种

虽然这种耕作方式产量较低，但是在几千年前的黄河中游仰韶文化区，这种刀耕火种的耕作方式还是非常普遍的。此外，战国时期在现今云南的一些少数民族也曾广泛采用这种耕作方式来种植栗、黍等农作物。刀耕火种这种原始农业的耕作方式，采用了较为简单的器具，凭借大众协作劳动为主流完成农作物的种植。但随着后来社会的发展，人们的生产工具也发生了改进，种植的农作物种类也逐渐繁多，这一耕作方式也在不知不觉之间发生着改变。

（2）石器锄耕。在距今约几千年的新石器时代，似乎是中国农业史上的一个过渡时段，土地的耕作技术也是如此，但是对此人们的看法颇有不同。其中，耒耜的发明是他们的主要争议，有一些历史学家认为耒耜的发明将人类带入了石器锄耕（图5-9）时代，并且一直延续到夏商西周时期。耒耜的种类很多，其中使用范围较广的当属骨耜了。骨耜顾名思义，使用一些常见动物的肩胛骨制成的器物，也是河姆渡文化中颇具代表性的农具。

图5-9 石器锄耕

耒耜主要可分为柄、刃两部分。从骨耜来说，柄部位于器物的上端，外形上看又厚又窄，并且凿有一个横孔；骨耜的下端属于刃部，并且刃部薄而宽，凿有两个竖孔。横孔、竖孔分别插上不同的物件，将骨耜进一步固定完善。从使用体验上看，耒耜比石器更加轻巧简便，而且耒耜表面非常光滑，便于人们清洁的同时也提高了使用效率。在那个生产力低下的年代，对于农业生产劳动人们都是采用手工劳作，用纯人力的方式来完成土地的耕种。所以，使用骨耜来挖土，极大地提高了劳动效率，减轻了人们的劳动负担，轻便灵巧的耒耜也成为河姆渡人智慧的象征。

（3）铁犁牛耕。相比历史悠久的刀耕火种，铁犁牛耕（图5-10）的耕作手段似乎影响更为久远一些。春秋战国时期，人们的生活水平逐渐提高，也因此产生了更加顺应时代的耕作方式。铁犁牛耕作为应运而生的产物成为我国古代劳动人民的主要农业生产方式，而且因其简单、便捷的操作方式推动了我国生产力的发展，并间接加快了井田制的瓦解。随着铁犁牛耕技术的推广，唐朝的农业也得到了发展，其应用范围也十分广泛，以黄河流域为主，一直到现在的甘肃、新疆，这些地区的农业生产方式主要以铁犁牛耕为主。

汉唐时期作为铁犁牛耕的主要发展时期，产生了许多相关的播种工具，主要包括西汉犁壁、直辕犁、耦犁及东汉楼车。但铁犁牛耕这一技术的发展与传播还是十分坎坷的，随着铁农具的出现及牛耕技术的发达，战国时期人们开始将这两种农业发展技术结合起来，铁犁牛耕初步诞生。到了秦汉时期，铁犁牛耕技术得到了很大的推广与发展，并产生了许多播种工具。一直到隋唐时期，人们改造出传承至今的曲辕犁，而且为了加快土地的灌溉效率，还发明了更加便捷的灌溉工具——筒车（图5-11）。

图 5-10　铁犁牛耕

2．农耕劳作

（1）打场。打场（图 5-12）是指把收割下来带壳的粮食平摊在场院里，用畜力或用小型拖拉机拉着碌碡，碾压这些粮食，或用人力使用梿枷击打，使其脱去外壳。打场中使用碌碡碾压的又可以称作碾场，就是特指把小麦和其他庄稼用石碾碾压取得籽粒的生产活动。碾场的时候把谷物放在一块平地上，用碌碡碾压使谷物分离，一般是用石碾在平坦的空地即场上碾压。场即指农家

图 5-11　《天工开物》中的"筒车"

翻晒粮食及脱粒的地方，一般多家或几家共用一块场。

（2）把式。传统农业是靠世代积累下来的传统经验发展，以自给自足的自然经济居主导地位的农业，是一种生计农业，农产品有限。家庭成员参加生产劳动并进行家庭内部分工，农业生产多靠经验积累，生产方式较为稳定。精耕细作是传统农业的生产模式，这种模式可以在一定面积的土地上，投入较多的生产资料、劳动和技术，进行细致的土地耕作，最大限度地提高单位面积产量。

图 5-12 打场

传统农业的经验积累是以家庭成员和师徒形式传授的，人们称那些精于某种技艺的老手、行家为把式。有些农活，也要请擅长这一种技艺的人做，如撒种籽。擅长撒籽的人撒的籽均匀，出苗齐，浮籽少。若撒籽不均匀，叫作"跑校了""过校"或"歇校"。在播种小麦时，有些农户要以丰盛饭菜款待把式。人民公社化以后，农村的把式称呼仍然存在，在农业社社员中有较高的地位。20 世纪 80 年代初包产到户后，随着农业科学技术的不断提高，小麦播种机逐渐普及，各家均有会撒籽或操作小型播种机的技术员，从而改变了过去请把式的风气。

（3）帮工。传统农业生产力低下，生产效率低，有些农活需要众多人力才能进行和完成，如碾场、修房子等都需要互相帮工。村里的帮工是互相之间的义务，不要报酬，但是管饭款待。

素养提升

生态环境保护涉及方方面面，任务复杂艰巨，不是一朝一夕就能办到的。解决生态环境问题绝不能持"速胜论"，幻想一蹴而就、一劳永逸。贯彻绿色发展理念、保护生态环境、建设"美丽中国"，就要像王有德同志那样一年接着一年干、一茬接着一茬干，把百米跑的冲劲和万米跑的韧劲结合起来，做好每一项工作、解决好每一个问题，积小胜为大胜。

四、在学农事中深化劳动教育

过去，在应试教育挤压下，劳动教育被"边缘化"，家长、学校对劳动教育普遍不

够重视，有的简单地理解为技能教育，有的因缺乏专业的授课老师而流于形式，大大偏离劳动教育的正确轨道。

"双减"政策出台后，对劳动教育的重视也在回归。让学生在出出力、流流汗中，初步掌握农作物的栽种技术，体会劳动的艰辛，享受收获的快乐，更有助于培育内化于心、外化于行的正确价值观，进一步弘扬勤俭、奋斗、创新、奉献精神，厚植尊重劳动、热爱劳动、崇尚劳动的理念。

2022年，浙江省绍兴市柯桥区开立"优雅农趣园"活动，并聘请12位有丰富农事经验的农民当"老师"，为学生讲解农事知识。这一实践，为我们提供了一种可复制、可推广的劳动教育新模式，也提醒我们，要将劳动教育融入课程体系、学科研究、社会实践中，要培育壮大劳动教育的师资力量，进一步提高劳动教育的"存在感"。除培育校内劳动实践基地外，还可以综合利用农场、庄园、农家乐等校外资源，多途径拓展校外劳动实践基地，为学生搭建好劳动实践平台。

家庭既是劳动教育的训练场，也是劳动教育的启蒙地。家长更应该有意识地放手，适度地"偷懒"，鼓励学生接触劳动、参与劳动，帮助学生养成爱劳动的习惯和品质。劳动教育资源的开拓，不仅需要学校、家长的共同努力，更需要政府部门以购买服务的方式，开拓一批优质的劳动实践基地，在竞争与合作中实现双赢。当然，完善劳动教育评价体系，建立劳动素养监测制度，更能杜绝"打卡式"劳动教育，避免实践基地成为一种摆设。

劳动教育的重要意义在于让学生用劳动实践探索和认知更加立体的世界。

素养提升

由于每个地区可能存在不同的情况，因此，在推进农业农村现代化建设的过程中，要坚持实事求是原则，根据当地的实际情况和特征，采取相应解决办法，并且要坚持党的领导，发挥人民群众的作用。只有这样才能不断提高农村社会的文明程度，迎来农村的新面貌。

稼穑两三事

农耕文化博物馆

耒阳农耕文化博物馆坐落于湖南省衡阳市耒阳德泰隆开发新区，是天下农耕第一馆、中国第一座全面展示农耕文化历史及实物的主题博物馆，馆内有数百件珍贵的农具文物，再现了从神农创耒到现代农业的历史文化脉络。该馆构思新颖、形式独特、史料众多，是中国规模最大、最具特色的农耕文化博物馆。该馆为全框架式三层楼房，总高度为13.7米，平均面积为729平方米，共2 188平方米，一、二层为展览用房，三层为图书馆用房。

耒阳农耕文化博物馆布展风格简约明了，突出体现三大亮点。

（1）突出历史渊源"神农创耒"主题。炎帝是农耕文明的始祖，流传在衡湘大地有关炎帝的传说，从神农拾穗、炎帝创耒到设坛祈雨，耒阳烙下了先祖深深的足印。相传炎帝登上衡山之巅，极目远眺，发现一段首尾欲接而未接的河流，即俗称"金线吊葫芦"的地处耒阳肥田、遥田的冲积平原，炎帝喜出望外，在耒阳发明了掘地翻土的耒。炎帝将河命名为耒水，耒阳因在水之阳而名耒阳。展馆正中的"千耒图"，无数个耒字形成宏伟的"耒"的图腾，见证了耒阳曾经的厚重。

（2）近代农具演示厅。该厅较为全面地展示了文明故土耒阳农业进化的过程。耒阳农耕文化博物馆再现了"神农创耒"这一千古美谈。整个博物馆由"耒耜之利惠天下——'神农创耒'与农耕文化陈列展"和"耒阳历史文物陈列展"两部分组成。"耒耜之利惠天下——'神农创耒'与农耕文化陈列展"通过数百件珍贵文物、翔实的图片和精彩的文字补充，生动地再现了从神农创耒至今，农耕文化的由来和发展，揭示了耒、耒阳与中华始祖炎帝神农氏的渊源关系。

展厅陈列着耒阳市出土和收藏的历代文物，有新石器时期的石斧、锛、刀、铲等，有春秋战国的铁制农业生产农具铲、锸、刀、削等，还有商代牛尊及以牛首为饰的青铜器与两汉时期的编钟等。此外，还陈列着近代耒阳市农耕农具近100种。

（3）表现耒阳为世界现代农业做出的巨大贡献。中华人民共和国成立初期，耒阳插秧机厂研制出了我国第一台插秧机，周恩来总理曾经把它作为国家重点科技产品赠送给友好国家，耒阳插秧机厂研制的"三牛"牌水田耕种机获得国家专利产品、科技"星火产品"等殊荣，新型的耕种机远销亚、美等10多个国家，受到前国家领导人邓小平、李鹏的亲切关怀和赞扬。

耒阳农耕文化博物馆内有气势恢宏的"千耒墙"、形态逼真的"神农创耒泥塑"、做工别致的"耒阳民居"、珍稀少见的古代农具和部分少数民族的特色农具。游客可亲自尝试车水、榨油、纺纱、织布、推谷、磨粉等趣味劳动。进入耒阳农耕文化博物馆大厅往左，迎面而来的是千耒墙，由我国能找到的所有与"耒"字有关联的字所组成的字，包括"耒"的各种写法及所有用"耒"字做偏旁的字。大厅中央是一组人力脚踏水车，由我国汉代人毕岚发明，是我国最古老、使用范围最广的引水灌溉工具。第二展厅展示了耒阳传统民间茶油制作作坊。第四展厅主要是展览稻谷成熟以后的加工工具。转过第四展厅，展示了耒阳新石器时代遗址采集的石斧、石刀。

◉ 知稼穑明人生 ◉

新时代农民在日常生活习俗中坚定文化自信

增强新时代农民文化自信要在文化认知的基础上，激活文化自觉，破解日常生活习俗市场运作的消极影响。新时代农民要理性看待各种文化，以包容性、差异性、多样性的眼光吸取不同文化的有益因子，对日常生活习俗的责任担当保持高度自觉。

首先，将多姿多彩的日常生活习俗资源通过选取与组合形成感性情感和理性逻辑并存的故事。选取与组合需要从传统文化出发，借鉴过去的习俗框架，同时，也要发扬时代精神，将新时代的文化传播手段和方式嵌入其中，保持文化的传承性和时代感。

其次，复现日常生活习俗需要尊重农民的主体诉求。随着农民生活质量的提高，形成农民日常生活习俗的物质基础发生了改变，必然会造成一些日常生活习俗不合时宜，例如，过去农民劳作时聚集在一起唱号子、正月里不剪头发等。坚持以人为本、以人民为中心就是要尊重人民的主体诉求。将顺应时代要求的日常生活习俗与主观诉求结合在一起，才是真正的尊重人民。

最后，新时代农民要不断延续传承和创造日常生活习俗的复现机制。这需要将基层非正式权威——老人利用起来，在基层组织的支持下，老人可以通过记忆场景和仪式互动唤醒乡村集体记忆。记忆场景的唤醒可以集众人之力编写村史、村志，以记录乡村文化；采取更加立体形象的方式——固定场馆展示乡村民俗风情和发展历史；仪式互动则可以建立村史碑，将集思广益的文字成果通过宣传得到农民的集体认可。通过农民对日常生活习俗集体记忆的唤醒，激活新时代农民日常生活习俗的文化自觉。

◉ 耕读学思

金善宝（1895—1997 年），是享誉国际的小麦育种家、农业教育家，中国现代小麦科学主要奠基人，首批中国科学院学部委员（院士），被誉为"中国小麦之父""远东神农"。

金善宝 6 岁入读父亲金平波任教的私塾。其父金平波是晚清秀才，在为儿子及宗族子弟开蒙时，常以"金氏家训"作为教材，教育他们做人道理。

1917 年，金善宝考入南京高等师范农业专修科。1955 年，金善宝当选为中国科学院生物学部委员。金善宝尊奉家训，一生忠于职守、严于治学、淡泊名利、艰苦朴素，为科学事业呕心沥血，也为国家培养了大量的人才。

金氏家训中说，"士农工商，各勤其事"。在金善宝深耕的农业科学上，他兢兢业业、贡献卓越。早在中华人民共和国成立前，他从全世界 3 000 多份小麦材料中选出适合我国生长的优良品种，定名为"矮粒多"和"南大 2419"。中华人民共和国成立后，"南大 2419"在长江流域 13 个省、市、地区大面积推广，获得了高产。他还主持春小麦育种工作，先后育成了"京红"系列和"6082"等春麦品种，为我国小麦育种事业打下了坚实基础。

守份奉公、耿介廉正的家族精神传承，既淋漓尽致体现在金善宝为国育种的一生中，也激励着今日金氏族人在乡村振兴的道路上砥砺前行、奋发有为。

思考：请结合材料谈一谈，哪些因素为农民自由的发明创造了条件？你还知道哪些农民的发明创造？

项目六 农民创新创造

项目导航

鼓励农民进行创新创造是实现共同富裕的关键一步。共同富裕是社会主义的本质要求，也是中国式现代化的重要特征。当前，要在高质量发展中促进共同富裕，推动全体人民共同富裕取得更为明显的实质性进展，最艰巨、最繁重的任务仍然在农村。

知识结构

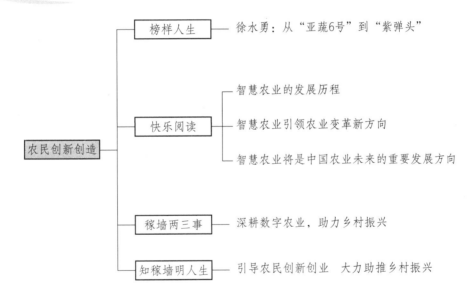

```
                  ┌─ 榜样人生 ─── 徐水勇：从"亚蔬6号"到"紫弹头"
                  │
                  │                ┌─ 智慧农业的发展历程
                  │                │
农民创新创造 ──────┼─ 快乐阅读 ─────┼─ 智慧农业引领农业变革新方向
                  │                │
                  │                └─ 智慧农业将是中国农业未来的重要发展方向
                  │
                  ├─ 稼墙两三事 ── 深耕数字农业，助力乡村振兴
                  │
                  └─ 知稼墙明人生 ── 引导农民创新创业 大力助推乡村振兴
```

学习目标

【知识目标】

1. 了解扶贫路上的农民发明家的相关事迹。
2. 了解让农作更轻松的农民发明家的相关事迹。
3. 了解把创造留给祖国的农民发明家的相关事迹。

【能力目标】

1. 能够领悟农民在乡村振兴中的重要作用。
2. 能够掌握引导农民创新创业的主要路径。

【素养目标】

引导学生树立正确劳动观,体会劳动创造美好生活,体会劳动不分贵贱,热爱劳动,尊重普通劳动者,培养奋斗、创新的劳动精神。

🏆 榜样人生 ●

徐水勇:从"亚蔬6号"到"紫弹头"

一个小番茄能有多少品种?徐水勇伸出一根手指笑着说:"我试验田里种的就有100种。"在位于同安的试验田里,徐水勇边走边介绍品种各异的小番茄:金灿灿的是"金玲珑",红彤彤的是"春桃",透出几分紫青色的则是"紫弹头"。

"从2006年开始推广小番茄到现在,我和它们也有16年交情了。"徐水勇摘下一颗小番茄扔进嘴里,笑着说,十几年来"小番茄已大变样"。徐水勇是同安新民镇乌涂村人,祖辈务农为生。2003年,他从福建农林大学园艺专业毕业后,开始从事蔬果育种推广工作的他却成了父辈们眼中的"怪人"。

徐水勇说,其实自己的工作并非生产蔬果,而是试验鉴定栽培新品种。就拿小番茄来说,早期的"亚蔬6号"小番茄产量只有每亩5 000斤[①]左右,不仅产量低,而且抗病性差,植株一旦得病,农民很可能颗粒无收。

为了杂交挑选出优秀品种,徐水勇试验田里的植株都不喷药、不授粉,夸张地说就是由着它们"自生自灭",这在父辈们看来简直就是"胡闹"。可正是这样一次次的挑战和试验,"金玲珑""春桃"等新品种不断被推广,产量已经可达每亩上万斤。2016年开始,徐水勇又参与"紫弹头"小番茄的杂交育种工作,经过3年的努力,每亩产量可达12 000斤,这一抗病性强、口感脆爽的优质品种开始在全国推广。

40天开花,60天挂果,100天成熟可收成……徐水勇对小番茄的"成长历程"侃侃而谈,他突然有些愧疚地看着身边的妻子,"我不是在田间试验,就是在外地推广新品种,三个孩子都是我老婆在照顾。"徐水勇参与攻克丝瓜"阿俊"品种的化瓜(由瓜尖至全瓜逐渐变黄、干瘪、干枯)难题,发表了"苦瓜高产优质栽培模式"的相关论题,甚至成立了自己的公司,主持的番茄相关项目还荣获2019年福建省科技进步奖二等奖。

📖 快乐阅读 ●

一、智慧农业的发展历程

20世纪90年代初中期,发达国家基于信息技术推进农业生产经营信息化与可持续发展方面提出了"Precision Agriculture"新概念。后来在我国曾被译为"精确农业""精

---

① 1斤=500克。

准农业"，现在更为确切的叫法应该是"精细农业"。它是基于信息技术的现代农田精耕细作技术，它不是一种纯技术支撑的概念，而应是适应不同的农业资源、环境和社会经济发展条件，实施农业节本增效和可持续发展的技术体系；是促进由经验型、定性化为主的粗放型农业向知识型、精细化管理的现代农业经营方式转变的一种系统集成解决方案。

自 20 世纪 80 年代初，微处理器、微型计算机的发展和卫星遥感、地理空间信息技术和专家系统的初始应用，促使农业科学家积极探索建立基于农业资源、环境和作物生长空间分布差异性信息的农业生产经营信息化管理体系。

20 世纪 90 年代初，海湾战争结束后，美国宣布全球卫星定位系统（GPS）民用化，为规模农业实施以农田空间资源、环境与作物生长空间分布差异性信息为基础的精细农作奠定了信息科技支撑的良好基础。

20 世纪 90 年代中期，为发达国家提供精细农业技术支撑的许多著名农业装备厂商开始关注开拓其先进技术产品的中国市场，由此也推动了中国农业工程科技与产业界开展相关技术消化吸收和基于中国国情的技术创新与成果产业化示范研究。

进入到千禧年，如物联网、无线通信与泛在互联、云计算、大数据等技术受到各产业技术领域的重视。2008 年年末，IBM 提出建设"智慧地球"的概念，并随即被美国等发达国家列为国家战略。"智慧"一词已在推进传统产业转型创新、服务业经济发展与公共服务能力建设方面广泛使用和更好为人们理解。

从精细农业追溯起，其发展实践已经有 20 多个年头，从精细化到智能化再到智慧化，现代农业就是依着这样一条现代的技术路径不断跃升嬗变。智慧农业不但运用了物联网、云计算、大数据、卫星遥感探测等高精尖技术，而且综合使用各类智能农机设备，堪称是现代农业中的新科技力量。

素养提升

各行各业都需要追求创新的劳动精神。中国自古以来就有"技近乎道"的文化源流，但这一宝贵传统并没有在近代得到发扬，反而渐渐断流枯竭；同时，日益加快的现代化进程缩短了各种技能的"有效期"，使得人们在某一领域的坚守和潜心变得不易。追求创新的劳动精神不仅适合制造业，对整个社会的所有行业所有单位所有人，都极其有意义。

党的十八大以来，农业现代化的主攻方向始终是农业农村信息化，并且取得了阶段性重大成效。党的十九届五中全会首次提出建设智慧农业的重大任务，国家第十四个五年规划和 2035 年远景目标纲要明确提出加快发展智慧农业。这些都为智慧农业发展打了一针"强心剂"，建设智慧农业正当其时。

（1）打破科技壁垒。立足小农户现状，重点突破基于物联网的农情感知、基于大数据的农业分析、基于云计算的数据处理等关键技术壁垒，着力研发"小"而"精"的农

机智能装备或农业机器人。充分发挥企业作为科技创新主体的重要作用，鼓励支持相关企业牵头攻克核心关键技术。

（2）开拓应用场景。从大国小农的基本农情国情出发，积极开拓智慧农业应用场景，打造内容、模式、载体都丰富多元的智慧解决方案，降低农户应用成本，务求实效。加强5G、物联网、大数据、人工智能、区块链、北斗系统、卫星遥感等现代信息技术在育种、种植、畜牧、渔业、农产品加工业等行业中的集成应用。

（3）培养人才技能。面向乡村进行各类培训教育，培养新型农业经营主体对数字技术的应用能力。积极鼓励和引导人才回流乡村，支持大中专毕业生、退伍军人、返乡农民工、大学生村官等从事农业生产。依托高校、科研院所等部门或机构，通过产学研用一体化方式有针对性地在农村培养一批爱农业、懂技术、会应用、留得住的复合型人才，推动教育部门在相关大学、职业学校创新设置农业大数据、物联网、人工智能等专业及课程，加强农科院、农业大学等科研、教学单位的智慧农业创新团队建设。

（4）建立健全数据库。加快构建空天地一体化数据资源采集体系，加快建设农田土地、自然资源、种质、农村集体资产、经营主体等基础数据库。加强技术标准建设，建立数据共享、传输标准体系，提高农业数据采集、使用效率。推动数据开放共享，在确保数据安全、隐私保护的前提下，建立数据有序共享开放机制，加强数据获取、分析、应用能力建设，为科学决策提供精准数据支撑。

素养提升

人才是乡村振兴实现的关键要素。新型职业农民创新创业教育，既是提升农业整体竞争力的重要措施，也是发展壮大新型农业经营主体的必然选择。我们相信，通过多种形式的创新创业教育，激发新型职业农民进行乡村振兴的内源动力，增强新型职业农民实现社会建设和经济发展的内生动力，最终实现农村美、农业强、农民富的乡村振兴战略目标。

二、智慧农业引领农业变革新方向

全球农业受粮食安全、气候变化、新冠肺炎疫情、逆全球化、人口变化等诸多不确定性因素影响，各国力求以具体行动实践提升自身农业生产系统的抗风险能力及气候适应能力。当前在大数据、人工智能及互联网"三位一体"的技术变革场景下，国际农业科技前沿也愈加强调生物技术、人工智能技术、生态环境技术等技术内核，这就要求对基础学科及交叉学科的研究要更加关注农业生物特征及农业特定问题。

1. 智能设计育种打造现代农业新"芯片"

种业一直以来被誉为现代农业的芯片，也已成为世界各国争相抢占的农业科技制高点。当前机器学习、基因编辑、全基因组选择及合成生物学等前沿科技的创新发展已引领国际种业巨头强势进入智能设计育种时代，育种周期明显缩短、成本显著降低、效率显著提高。

当前美国已基本进入智能设计育种时代，依托此前积累的大量育种数据及全流程大数据驱动来进行作物表型模拟及利用决策模型辅助育种家进行精准杂交组配。近年来，已有多家国际种业公司以重组与并购等形式实现人工智能技术与生物技术多元化融合，以整合育种研发链条、增强在国际种业的核心竞争力。目前，我国尚处于由"跟跑"向"并跑"的角色转换中，多数动植物核心种源对外依存度较高，原创不足，当前亟须弥补关键技术融合、多元学科交叉及产业化等方面的不足，实现育种技术体系智能化及工程化。

2. 智慧农业助力农业生产经营

机器学习、区块链、物联网等信息科学在智慧农场、智能温室等具体农业生产场景下集成应用，管理者能够进行精准的农业信息感知、科学量化决策、智能控制农业机械设备及精准控制投入。美国已有20%的耕地及80%的大农场实现大田生产全程数字化，平均每个农场约拥有50台连接物联网的设备。而我国整体智慧农业技术应用不足，同时，由于基础研究及学科交叉研究的不足，现有高端农机装备核心部件、农业传感器核心感知元器件及农业人工智能核心技术依赖国外。

数据是信息科技与农业深度融合的重要前提。法国已由政府主导、多主体共同承担建设涵盖农业生产各部门的农业信息数据库，并致力于打造集科研、咨询、互联网应用及公共管理等为一体的农业数据体系。目前，我国农业数据形式繁杂、数量巨大、分布分散且缺少统一的统计标准，农业数据收集成本高、难度大及准确性差，农业数据处理难以实现多源融合与深度挖掘运用。此外，区块链技术作为一种分布式数据记录方式及共享式数据库，具有去中心化、开放性、数据不可篡改及可溯源等核心特征，与农业溯源系统结合后能够连接生产、加工、流通、存储及销售等农业供应链全环节。基于区块链技术的农产品溯源系统可以有效降低数据存储及监管成本，但目前普遍面临隐私泄露、数据安全及区块容量不足等问题。

3. 以气候智慧型农业应对"双碳"

为应对粮食安全、气候变化及温室气体排放三重挑战，气候智慧型农业承担着保障农业综合生产能力及气候适应的重任，以农业发展新理念提高农业生产适应力、应变力及整体效率。各国相关主体针对自身农业生产特征通过技术优化、生产方式转变促进固碳减排来应对碳中和挑战。

美国主要运用培育耐热性更高的玉米及大豆新品种、进行土壤养分管理等生物信息技术手段，此外，采取将温室气体减排效果纳入高管绩效考核、停止加工亚马逊非法砍伐森林区的养殖肉牛、停止与亚马逊大豆供应商合作等措施。

巴西则主要采取以提供低息贷款的方式鼓励最少耕作法、出台森林保护综合性战略、采用"种养共生"复合生产体系等措施发展可持续性集约化农业。

英国政府通过法律确立"净零排放"目标、细化低碳农业激励政策、鼓励各界自发选择碳监测工具等措施引导推进现代农业绿色发展。

在"碳达峰碳中和"战略背景下我国已在相关研究领域开展诸多实践行动，如我国农业农村部发布的农业农村减排固碳十大技术模式，主要可分为种养业减排、土壤固碳及新能源替代三大思路，但目前整体上仍存在减排固碳关键技术成本较高、效果有待验证、难以快速推广等突出性问题。因此，亟须在保障粮食安全和重要农产品有效供给的基础上提升农业全链条固碳减排技术的创新突破水平。

综上所述，面对纷繁复杂的国际环境形势及现代农业绿色转型需求，我国首先要推进农业基础科学、应用科学、新兴交叉学科研究短板领域的协同攻关，促进农业关键技术突破；其次要推动形成产学研协同的农业科技创新体系，加快推进农业科技成果转化应用，提高农业综合生产能力；最后要完善新型农业科技服务体系，解决农业科技服务有效供给不足的问题。唯有正视自身农业科技与发达国家的差距，面向国内农业生产新需求，才能构建起农业科技自立自强的创新体系。

课堂故事

只需要一部小小的手机，就能轻松管理上百亩地的浇水施肥；坐在办公室计算机前，就能实时查看庄稼的生长情况……如今，这些高端的新技术在山东省安丘市的田间地头落地开花，"智慧农业"让农民搭上了致富增收的科技快车。

在安丘市官庄镇富士康智慧物联网农业产业园内，一架架的葡萄绿意盎然。在其中一株葡萄的底部，有一个小小的传感器。别看这个传感器不起眼，有了它，田里的土地、作物就会"说话"了。总经理王宝杰说："这是一个茎流传感器，它用来检测每株葡萄每天水分的蒸发量。通过它，我们可以了解葡萄树每天对水分的需求量是多少，然后通过大数据分析，使得每一次浇水既让植物吃得饱又不浪费。""产业园的高标准大棚，全部采用富士康智慧农业物联网来进行管理。"王宝杰说，项目建成后，先进的物联网智慧农业将在这里开花结果。

大棚内，67岁的王桂芝一个人就可以轻松管理一个4亩地的大棚，一部手机就可以轻松实现对整个园区浇水、施肥的远程控制。越来越多像王桂芝这样的农民，尝到了新技术带来的甜头。线上发力，云端成交。不只是种植，安丘农产品销售也有了科技范儿。安丘依托乡村赋能工程，搭建安丘市微特公共服务平台，把产品信息上传到该平台，为群众提供"线上下单、线下配送"服务，精准对接农产品供需。

三、智慧农业将是中国农业未来的重要发展方向

对于中国的农业你有什么印象？是黄土高原上"面朝黄土背朝天"，或是云贵高原那悬崖边上盛开着的玉米花，还是平原地区那一望无际的金黄色的庄稼。可能每个人都有属于自己内心对于农业的定位。我国作为一个农业大国，同样的也是一个农业弱国。我国许多对于农业的种植技术、管理技术等都还停留在古人的基础之上，这是一个民族荣耀，因为它有着源远流长的历史，此外，这也是一个民族的可悲，因为它没有与时俱进、没有懂得变通和创造。智慧农业作为现代农业发展的高级阶段，是我国农村经济社会发展转型的必由之路，也是增加农民收入的重要方式。伴随着物联网、大数据、人工智能等新技术

的快速发展，智慧农业有望改变现有的农业生产方式，驱动农业变革。

智慧农业就是将物联网技术运用到传统农业中，运用传感器和软件通过移动平台或计算机平台对农业生产进行控制，使传统农业更具有"智慧"。除精准感知、控制与决策管理外，从广泛意义上讲，智慧农业还包括农业电子商务、食品溯源防伪、农业休闲旅游、农业信息服务等方面的内容。所谓智慧农业，就是充分应用现代信息技术成果，集成应用计算机与网络技术、物联网技术、音视频技术、3S 技术、无线通信技术及专家智慧与知识，实现农业可视化远程诊断、远程控制、灾变预警等智能管理。

土地集约化、农业从事人员老龄化、生长种植品质需求等问题迫使农业生产管理向规模化、科学化、数据化变形。在传统种植方式下，越大规模的种植面积需要投入的人力就越多，也存在效率低下、水肥资源浪费、人为误差、安全隐患等弊端，智慧农业的诞生需要承担起弥补这些不足的任务，建立一个集种植、物流、销售于一体的综合管控云系统。

在国家对农业大力关注的背景下，伴随着物联网整体不断地发展，智慧农业就是物联网＋传统农业结合的模式，广义上智慧农业涵盖的方面包括农业生产种植管理、农业电子商务、农产品溯源、休闲农业、农业信息服务等方面。目前可以落地实现的智慧农业是相对狭义的，局限于农业生产管理，即通过传感器和物联网云平台对农业生产进行全自动化或半自动化的管控。

智慧农业通过物联网感知类设备实时采集农业生产环境中气温、湿度、土壤详情等作为生长必要数据，通过 WIFI 等网络将数据传输到云平台对数据进行分析处理，并根据农业生产的需要，定制建立标准化的生产管理流程。一旦流程开始，平台将自动创建、配合和跟踪任务。工作人员可以在手机上接收平台下发的任务指令，根据任务要求进行操作和报告。同时，管理者还可以对员工进行任务分配和工作效率监督，随时随地了解园情。

试想，当温室大棚需要灌溉浇水时，在手机或计算机界面上点几下鼠标，让大棚的控制设备开始灌溉，相应的肥料种类也会根据作物生长阶段的需求来调配好建议配方，人工点击统一执行即可，这样的生产种植方式是不是农民所希望的？

1. 精准操控

以前农民都是下到田地里一点点地播种、打药、除虫、除草等，依靠积累的经验进行种植、管理，费时费力效率还低，产量和品质还得不到保障。而如今，温室大棚之类相对封闭的种植环境下可以通过智慧温室大棚系统来管理，通过布置的各种传感器，可以及时了解农作物的需求及生长状况，并且对栽培基地的温湿度、二氧化碳浓度、光照强度等进行精准调控，且还可以进行远程控制和管理。

小麦、水稻、玉米之类需要几十、几百上千亩大面积种植的主粮，则可以通过大田农业灌溉系统，降低灌溉成本。

2. 科学栽培

种植也是一门技术活，尽管我国在上千年的耕种生产中积累了无数经验，但种植手段也很难做到完全贴合作物生长需求，产量与品质只停留在良好阶段。而通过传感器数据能够实时收集作物成长环境数据，可以帮助农民有针对性地进行施加水肥，将农作物

的产量与品质提升到优秀。

3. 绿色农业

发展绿色农业是坚持可持续发展、保护环境的需要，智慧农业通过农产品数据存储，可以实现农产品的溯源、食品安全监督等，推动绿色无公害化。

智慧农业作为未来农业发展的趋势，是改变粗放农业生产方式的新思路，不仅在农业种植上发挥不少作用，也对禽畜、林业、水产等行业发挥一定的积极意义，引领现代农业发展，对提升改造传统农业具有重要的意义。

素养提升

我国是农业大国，中国梦实现与广大农民紧密相关，而创新创业的大浪潮，则无疑为中国梦增加了更丰富的内容。广大农民大力开展创新创业也是托举这一梦想强有力的翅膀。如果没有农民创新创业教育的提升，中国梦的美好愿景就难以快速实现。

稼穑两三事

深耕数字农业，助力乡村振兴

近年来，我国数字农业得到快速发展，特别是随着一批数字农业关键技术的突破，诞生了一系列实用性强的数字农业技术产品，建立了一批网络化数字农业技术平台，初步形成了具有各地特色的数字农业技术体系、应用体系和管理体系，大大推进了我国农业现代化水平。例如，陕西省的国家级苹果产业大数据中心和浙江省的智慧农业云平台等就是数字农业发展的典型案例。

数字技术如何让农业变"聪明"

数字农业是将数据作为新的农业生产要素，运用现代信息技术对农业生产的对象、环境和过程进行可视化表达、数字化设计、信息化管理的现代化农业。数字农业将计算机技术、通信和网络技术、自动化技术及地理信息系统等高新技术与农学、植物学、地理学、生态学、土壤学等基础学科有机地结合起来，使现代信息技术与农业各个环节实现有效融合，对于实现传统农业的转型升级、转变农业生产方式具有重要的意义。

在互联网、大数据、人工智能、物联网等现代信息技术的快速应用背景下，经济社会各个领域都发生了"数字蝶变"。随着数字技术在农业生产和经营管理领域的广泛运用，数字农业成为我国农业现代化和全面乡村振兴的重要推手。一方面，发展数字农业是推动农业现代化的必然选择。数字农业将现代信息技术融入农业生产全过程，不仅能实现农业生产的实时监测、有效调度和精准化，提高农业生产效率，还能借助"互联网＋"的模式有效拓展农产品销售市场，衍生多种现代农业新形态，从而早日完成传统农业向现代化农业的转型。另一方面，发展数字农业是助推乡村振兴战略的重要途径。产业振兴是加快实施乡村振兴战略的关键助推剂，做好农村产业振兴要求农村多元产业融合发展，实现一二三产业协调推进。例如，随着数字乡村的深入推进，越来越多的农户、合作社、农业企业等经营主体通过淘宝、抖音、快手等平台就可以将自家的农产品卖到全国各地，从而带动乡村二、三产业的发展。因而，发展数字农业不仅是实现农业现代化的重要抓手，也是数字乡村建设和全面乡村振兴的有力推手。此外，推进数字农业发展还是增进民生福祉的重要举措。发展数字农业不仅能实现农业智能化、精准化，还能降低生态污染、增加农民收入、改善农村人居环境。

知稼穑明人生

引导农民创新创业 大力助推乡村振兴

党的十九大以来，中央始终将乡村振兴放在重要的位置，历次中央农村工作会议都将"三农"问题作为关系国计民生的根本性问题，将农民创新创业作为实施乡村振兴战略和解决"三农"问题的重要路径。农业农村部出台了《关于做好2020年高素质农民培育工作的通知》，明确提出要进一步深入实施"双百计划"，即打造100所人才培养优质校，推进100万乡村振兴带头人培养，以推动农民教育提质增效。"十三五"以来，农业农村部联合财政部持续推进高素质农民培育工作，中央财政累计投入91.9亿元，面向当地主导特色产业，扎实推进分层、分类、分模块按周期培训，线上、线下培训有机融合，提升农民生产经营水平和综合素质，做好后续发展服务，累计培养各类型农民超过400万人。

一、加强教育势在必行

乡村振兴，关键在人。加强农民创新创业教育是提升农业整体竞争力的重要举措，是为农村农业培养和储备各类人才的重要方式，是推动城乡融合发展的重要纽带，更是发展壮大新型农业经营主体的必然选择。

习近平总书记在参加十二届全国人大五次会议四川代表团审议时指出，要"就地培养更多爱农业、懂技术、善经营的新型职业农民"。通过创新创业教育，帮助农民在农业中创业、致富和发展，不仅能解决"谁来发展农业"的现实问题，更能解决"怎样发展农业"的深层次难题。这将进一步夯实农业现代化的人才基础，助力乡村经济振兴。

当前，我国城市化进程虽然加速了农村剩余劳动力转移，却使得农村变成了"空心村"。这就难以真正确保农业农村优先发展和农民的主体地位，也与国家乡村振兴战略发展目标相悖。因此，很有必要采取一些措施吸引农民工返乡创新创业。

二、充实丰富新内容

农民创新创业教育的目标旨在为农村培育新型职业农民，培养农民的创新意识、创新思想、创业能力、创业精神，全面提高农民的专业水平和综合素质，帮助其运用农村各种资源因地制宜创业，实现农民的职业转型。为此，有必要进一步充实丰富农民创新创业教育新内容。

（1）充实丰富创新意识教育。包括对农民心理素质、团队精神、法律意识、人格品质等的训练与培养。这类意识不仅需要在平时的专门课程中不断地强调，还应成为在农村文化建设过程中贯穿的内容。

（2）充实丰富创新思想教育。我国的传统农民过着日出而作、日落而息的生活，信息相对闭塞。互联网的出现让一些善于学习的农民通过网络提高了认识、改造了思想。培养农民的创新思想，就更需要利用互联网提供给农民更多高质量且有效的创新创业观念、载体、方式、路径等，让创新思想的土壤更加厚实。

（3）充实丰富知识和能力类教育。首先需要学习的是相关基础知识，包括政策法规、科技文化及营销管理、风险控制等。其次是能力类教育，创新创业教育是一项实战性很强的能力教育，要依托创新创业实训平台（包括网络虚拟平台），为农民提供仿真训练和模拟操作的平台，帮助农民积累创业实践经验。

（4）充实丰富创业精神教育。农村日新月异的变化和整个社会的变革，让各种思想交融。创新创业精神成为一种主流，越来越多成功案例也更加鼓舞了创业精神。一部分创业初步阶段成功的农民创业者，希望其事业能进一步上升。随着这些需求的变化，创新创业教育的内容也要随之变得更加丰富，不能停留在创业初期的一些基本教育上。

三、发展建构新机制

纵观各农业现代化强国，农民创新创业教育事业的长足进步与成功发展是农业现代化的必然之举，是实现乡村振兴的必然之路。为此，建构开展农民创新创业的新机制就显得特别重要。

（1）完善农民教育体系建设。要建成农业现代化强国，我们需更加重视包括创新创业教育在内的农民教育体系建设工作。完善的农民教育实施体系、系统的农民教育技术体系及健全的农民教育工作体系将为农民的创新创业活动奠定坚实基础。

（2）开展"全站式"教育服务。创新创业农民能获得较为职业化、专业化的成长，原因在于在农业现代化环境中，各种教育服务主体向农民提供劳动教育、生产教育、技术教育、文化教育、金融教育等"全站式"服务，可以满足农民创新创业成长等多元需求。

（3）开发系统的教育培训课程。农民接受创新创业教育的目的是更专业更高效地进行农业生产及经营管理活动。因此，教育培训课程的设置与开发要紧密贴合市场，符合农民职业化转型需要，注重满足农民的实际需求。

（4）组织多样化的教育形式。选择最有效的农民创新创业教育形式，首先必须立足当前的时代背景，把握农民学习心理、贴近农民学习习惯、激发农民学习积极性、采用农民喜闻乐见的教育形式。我们要鼓励农民以自主形式开辟创新，这不仅可以作为一种创新创业体验，更能提供适宜的教育服务，帮助其他农民实现职业转型。

（5）实行多类别的教育活动。要将集中授课、创业设计、市场考察、岗位实习和指导服务融为一体，环环相扣。同时，不仅要聘请高校教授讲解最新前沿观点，也要邀请职业经理人分享创业经验，更可以通过"土专家"及成功学员的现身说法，激发农民的创新创业热情。

耕读学思

王驰是一名90后，在陕西科技大学毕业后，他先是在一家世界100强外企工作，但在看到了农村发展的巨大潜力后，他毅然选择回到了老家周至县，当起了一个"不走寻常路"的农民。

2015年是王驰创业的起点，也是他接触农产品的第一年。当时他看到有乡党用冷冻的荠菜包饺子，便有了将秦岭荠菜销往外地的想法。在经过一系列市场调研之后，他率先选取了秦岭荠菜、野生洋槐花等投资小、竞争低的产品，并在周至县电商联盟的帮助下，将产品通过电商平台销售到了全国各地。第一桶金的获取，让这位年轻人开始认真地审视自己的家乡：周至的乡下，农民们渐渐的老了，而他们种出来的优质农作物，却因为信息不对等出现滞销。如何让这些好产品走出家乡，帮助农民获得收益，也让远方的朋友尝到不一样的秦岭味道，成为这个年轻人生活的主题。于是，王驰下决心成为一个真正的农民。2016年起，他与志同道合的伙伴着手打造自己"不平凡梦想农场"，种植了5个瓜果大棚、1个花卉大棚、10亩苗木、15亩猕猴桃和2亩果桑园。怎么卖出去，卖什么产品，怎么做到可持续输出，这三个问题也伴随着他成长为一个新时代农民。

加入周至县电商联盟，跟周至电商人一起交流电商创业心得，通过政府的帮助和自身的努力，王驰与团队率先解决了怎么卖出去的问题。而产品的选品与种植又是横亘在眼前的另一个问题。秦岭的特色季节性产品是电商渠道的一个重要组成，洋槐花、婆婆丁、香椿等为他们吸引着来自全国各地的饕客。

猕猴桃、樱桃、水蜜桃、黑布林等周至特色农产品，则是团队的拳头产品，仅2018年一年，团队就帮助5户农户销售黑布林8万斤左右，帮助30多农户销售猕猴桃65万斤左右，为富余农村劳动力创造了超过6 000小时的劳动机会，更帮助15人走上了水果电商之路。与此同时，"铁杆"客户数量增加到1 000个，2019年全年销售额185万元左右，合作团队8个，活跃代理30个左右，线下店铺5个。

在电商同步发展的同时，王驰积极参加农业局组织的高素质农民培训。经过学习了解，与团队尝试种植"童年味道"的西红柿——普罗旺斯。在周至县农业局相关部门的帮助下，他先后多次去西北农林科技大学学习种植技术，并把优秀的产品放到扶贫超市，得到了消费者的认可。

现在，王驰已经是周至县电商联盟核心成员，并获得了首届西安市农村电子商务大

赛创业组第一名、第二届西安市丰收节第二名、陕西省技术能手称号。对于这些荣誉，他觉得自己有了更大的使命感和责任，他的目标是成为一个能帮助更多乡党、带动家乡发展的高素质新农民。

　　思考：在国家政策带动下，当地涌现出很多像王驰一样爱家乡、爱农业、爱学习的青年，他们用热情、真诚和智慧努力拼搏，在乡村振兴的道路上实现着自己"不平凡"的价值。大学生创新对于加速乡村振兴有何重要意义？

走进农村篇：

乡村治理正当时

03

项目七 美丽农村：乡村生态文明

项目导航

乡村生态文明建设就是以乡村为建设对象，科学运用生态学与生态经济学原理，对乡村生态系统进行合理干预，对乡村生产生活方式进行适度调整，从而完成一个生态稳定、环境优美、经济发展的乡村建设系统工程。其目的是要通过对生态系统的调整，结合乡村生态文化建设与生态产业的发展，让经济发展与生态保护同步达成。

知识结构

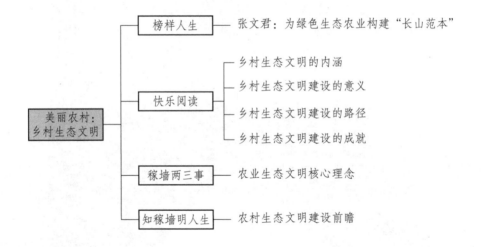

学习目标

【知识目标】

1. 了解乡村生态文明建设取得的成就。
2. 掌握乡村生态文明的含义。
3. 掌握乡村生态文明建设的意义。

【能力目标】

1. 能够掌握乡村生态文明建设的主要路径。
2. 能够掌握乡村生态文明建设的前进方向。

【素养目标】

生态环境保护是功在当代、利在千秋的事业。通过本项目的学习，提升对乡村生态文明建设的重要性和必要性的认识，自觉做绿化环保践行者。

⚆ 榜样人生 ●

张文君：为绿色生态农业构建"长山范本"

乡村振兴，农民是主体，青年是主力。荣县长山镇得胜村的张文君返乡创业，成立了德胜家庭农场，以稻田鱼虾立体化种养模式为基础，实现了分散、低效、滞后的传统农业向集中、高产、生态的现代农业转变，进一步促进了农民增收致富，为打造绿色生态农业构建了"长山范本"。

作为一名业绩优秀的销售代表，在外打拼十三年的张文君思乡心切，加上父母年事已高，便有了回乡创业的打算，恰逢当年长山镇打造现代农业改造项目，张文君心想，祖祖辈辈耕作的土地，能不能刨出"金娃娃"呢？说干就干，张文君当即辞去收入颇丰的工作，和养蛙能手黄世斌一番详谈后，双方一拍即合，决定投资从事稻田鱼虾立体化种养。"目前，自贡及周边市场对青蛙需求极大，但捕捉野生青蛙对生态环境破坏极大，而稻田生态养殖青蛙见效快、风险低、收益好，是一条发展绿色生态农业，促进村民增收致富的好路子。"张文君对农场有着清晰的定位，对市场前景也颇为看好。

两年前，德胜家庭农场成立了，初期流转一百二十亩土地进行稻田种植和稻鱼养殖，然而，辛苦一年后，一盘算，竟亏损三万余元，张文君有些气馁，"这么好的项目怎么会亏损呢？"他仔细测算成本、查找原因，最终得出结论——人工成本过高，必须采取规模化种养，以机械代替人工劳作。当年，张文君便投资数十万，购买了农用机械，下定决心，大干一番。

截至 2021 年，德胜家庭农场共有稻田 420 余亩。其中，稻田养殖青蛙 100 亩、稻田养殖龙虾 80 亩，其余为稻田养鱼。目前，德胜家庭农场已申请"稻秋渔"商标，陆续在成都白家水产市场和自贡、荣县三地农贸市场进行实体店铺销售鲜活青蛙及稻米，随着种养模式的推广和产量的增加，今后，还将逐渐打开省外市场，同时，开发蛙肉深加工项目，打造独具特色的"长山品牌"。

坚持"以短养长"实现土地效益的最大化是张文君这几年一直坚持的发展思路，经过几年的发展，他的项目已基本进入正轨，一路走来虽然遇到了很多坎坷，但是也收获了很多的幸福。在各级党委政府的大力支持下，在农、林、水等部门的指导下，德胜家庭农场的产业布局更加科学合理，其中稻虾 300 余亩，稻渔蛙养殖 50 余亩，稻渔养殖 50 余亩，水稻亩产达到 1 200 斤，创造固定就业岗位 8 个，临时岗位 23 个，带动外出务工人员黄维、明田刚和晏开莉等 11 户返乡农民工开展稻虾养殖，50 余户农户开展稻鱼养殖，已注册"稻秋渔""稻秋宴"商标。2019 年，德胜家庭农场被评为"自贡市荣县农民工党员创业孵化园"，初具规模的产业园被列为荣县乡村振兴产业示范园和荣县返乡创业示范园

核心区，获得省市县领导的一致好评。张文君也被荣县长山镇党委、政府评为 2018 年、2019 年度致富带头人。

📖 快乐阅读 ●

一、乡村生态文明的内涵

1. 生态文明

工业文明的过度发展，造成全球的资源浪费、环境污染、生态平衡破坏等一系列问题。这些问题已经严重阻碍了人类社会前进的步伐，迫使人们不得不再一次重新审视问题并且找寻改变人与自然的关系的新方式，这时一些学者提出了生态文明，让所有人眼前一新。

生态文明和农业文明、工业文明一样，是人类文明的一种形态，是一种独立的社会经济形态，但是它比工业文明更加进步，它不仅追求经济的高速增长，同时，也注重生态环境的健康发展。它是更加高级的社会文明形态。

作为一种进步的文明形态及执政理念，生态文明是中国特色社会主义建设的重要内容，其基本结构包括生态文化、生态产业、生态消费、生态制度四个基本方面，它们之间既相互影响又相互作用。

（1）生态文化。生态文化是生态文明建设的深层动力与智力根源。生态文明意味着人类思维方式与价值观念的重大转变，建设生态文明必须以生态文化为先导，建构以人与自然和谐发展理论为核心的生态文化，这是对人与自然的关系及对这种关系变化的深刻反思和理性升华。在价值观和伦理观上超越极端的"人类中心主义"观，重建人与自然共同构成统一整体的有机论自然观。

从我们古代的"天人合一"的哲学命题中汲取智慧，使人们认识到人类对环境的关注就是人类对自身生命的关爱，人是自然界的产物，更是自然界的一部分，不能完全凌驾于自然之上，否则会自食其果。这种思维方式和价值观念的改变能够培育人们的生态意识和生态道德。生态意识的提高与生态道德的形成将有助于人类生态行为的形成，直接对生态实践活动产生影响，从根本上推进生态文明建设。

（2）生态产业。生态产业是生态文明建设的物质基础，是人类对传统生产方式反思的结果。生态文明要求生态经济系统必须由单纯追求经济效益转向追求经济效益、社会效益和生态效益等综合效益，以人类与生物圈的共存为价值取向来发展生产力。转变高生产、高消费、高污染的工业化生产方式，以生态技术为基础实现社会物质生产的生态化，使生态产业在产业结构中居于主导地位，成为经济增长的主要源泉。

（3）生态消费。生态消费是生态文明建设的公众基础。生态消费要以维护生态环境的平衡为前提，是在满足人的基本生存和发展需要基础上的健康有益的消费模式。健康有益的消费模式要从环境损害型消费转向环境保护型消费，不要追求过分的物质享受，应该转向低碳化、生态化消费。注意日常生活中点点滴滴的生态行为，使消费生活生态化。健康有益的消费模式，才能引导社会生产乃至整个社会经济走上一条正常的、可持续发展的轨道。

（4）生态制度。生态制度是生态文明建设的制度保障。生态文明需要政府加强生态环境保障制度的建设，因为涉及公众共同利益的如生态环境、资源保护、社会公正等问题是不能交给市场解决的。政府要通过相应制度的建立来促进生态文明目标的实现：一方面要通过建立生态战略规划制度，着眼于长期而不是短期的发展，真正把人与自然的和谐与可持续发展纳入国民经济与宏观决策中来；另一方面要创建更加公平、规范的生态制度，处理好不同利益群体之间的生态矛盾，同时，确保生态制度得到较为普遍的遵守与执行。

有生态文化为先导与智力支持，再有生态产业、生态消费、生态制度实践体现，必能实现生态文明建设的顺利进行并舍弃工业文明的弊端成为高层次的文明形态。

总体来说，生态文明要求社会生态系统的良性运行，社会、经济、政治、文化的相互和谐发展，要在实现人类发展既能满足人与自然的协调发展需求的同时，又能满足人类生活的其他需求，它所追求的本质是要实现人与自然、人与人的和谐发展。可以看出，生态文明是指人类在自身活动与自然关系发展过程中的进步程度，是人类社会进入更高文明阶段的重要标志。

素养提升

党的十九大报告中提出乡村振兴战略，农业、农村、农民问题是关系国计民生的根本性问题，乡村振兴不仅是乡村和乡村产业的振兴，也应该是乡村生态文明的振兴。在乡村生态文明建设中，只有充分掌握乡村生态文明的特点，立足于各地的优势和特色，探寻符合乡村实际的路径，才能在实现乡村振兴的同时，营造一个生态文明的宜居环境。

2. 乡村生态文明

（1）含义。在理论上，生态文明有狭义和广义之分。狭义的生态文明，一般局限于经济方面，即要求实现人类与自然的和谐发展；广义的生态文明，囊括了整个社会的各个方面，不仅要求实现人类与自然的和谐，而且要求实现人与人的和谐，是全方位的和谐。

乡村生态文明包括保护自然环境和生态安全的意识、法律、制度、政策，也包括维护生态平衡和可持续发展的科学技术、组织机构和实际行动。

（2）特征。

①人与自然的和谐发展。实现人与自然的和谐发展是生态文明的最基本特征，也是人类社会可持续发展的基本前提，还是人类共同的根本利益所在。乡村生态文明以人类与自然的互相作用为中心，把自然界放在人类生存与发展的基础地位上，强调人与自然

的共同进化，强调不能仅仅以人的利益为尺度来衡量人与自然的关系，要尊重自然的权利，承认自然界的价值，反对对自然界的过度侵害，这就要求人们以科学技术为先导，充分利用信息资源，在最适合自然本性的状态下从事生产活动，将人类与自然的关系变得更加和谐统一。

②人与人的和谐与全面发展。在人与人的关系上，生态文明强调不应以牺牲和损害一部分人的利益为代价来换取另一部分人的发展，要积极创造条件，使每一个人都能全面发展。

这里的人既指个体层面上的人，又指国家层面上的人，还指整个人类。

这里的发展，不仅指横向的代际间的人的全面、和谐、发展，也指纵向的代际间的人的全面、和谐、发展。这就要求在制订各种计划时，要充分考虑当代的整个人类的共同利益和我们后代的需要。

③社会的全面协调可持续发展。社会的发展既要满足当代人的需要，又不对后代人满足其需要的能力构成威胁。生态文明建设强调：只有社会达到和谐状态，社会系统才能升华到一个新的境界，才能焕发生机，呈现繁荣景象。实现社会的和谐，实现社会的全面、协调、可持续发展，是生态文明的更高要求。人、自然、社会的和谐发展体现了生态文明的本质特征和本质要求，体现了可持续经济、可持续生态、可持续社会的高度统一性。

课堂故事

在金秋十月，海东市平安区沙沟回族乡仿佛置身于金色的海洋中，到处都是一片金黄色。公路两边的田野里，冬油菜也发出了新芽，在一片金黄中迸发出绿意。进入村庄，道路干净整洁，一排排民房错落有致，目之所及，果树迎客、篱笆引路、前庭后院花红果熟，仿佛来到了世外桃源。

而之前，沙沟回族乡却不是如今这样一幅山水田园的样貌。"以前村里道路很窄而且坑洼不平，村民在房前屋后随意堆放垃圾，卫生环境也不好，生活环境更是脏、乱、差。现在村容村貌发生了很大变化，道路宽了，路面也平了，村民的生态保护意识提高了，自家的垃圾会收集整理好后等着集中处理。现在村上还配备了保洁员，他们每天不间断地在村里打扫收拾垃圾废物，村子开始一点一点变美了。"沙沟乡沙沟村村民马良说。

沙沟回族乡是一个主要以农作物种植和传统养殖业为主的乡村。前些年，巷道坑坑洼洼。冬天，群众主要以土炕取暖，烧炕主要用晒干的牛羊粪便和麦草秸秆为主，冒出的"炕烟"笼罩着整个村庄，生态环境污染问题很多，严重影响群众生活质量。近两年，沙沟回族乡秉持"绿水青山就是金山银山"的发展理念，坚持党建引领，创新工作思路，党员带头开展道路清扫、义务植树、卫生环境综合整治等活动，引领群众自觉参与到生态环境建设中来。今年，全乡的各个村社积极开展乡村绿化，在公路沿线、房前屋后、空闲地补植补栽云杉、金叶榆、碧桃等各种绿化植物，现在各类树木达到了6 000多棵。这两年，沙沟回族乡积极引导群众转变生产生活方式，大力推进清洁取暖设施改造，在桑昂村投资16万元，率先实施电暖炕、墙暖和智能马桶试点项目，取得了良好的成效。全面安装电暖炕，提升农村人居环境质量，从源头上解决冬季"炕烟围城"问题。全乡投资 100 多万元实施"小垃圾、大民生"生态小型垃圾焚烧炉项目，并将垃圾进行统一收集，集中焚烧处理，以低投入实现良好的经济和生态环保效益。

现如今，沙沟回族乡不断探索发展"党建＋生态文明建设"新模式，让全乡党员在推动生态文明建设第一线争当绿色先锋，将基层组织建设活力转化为生态保护的内生动力，构筑沙沟生态文明建设坚强堡垒。

二、乡村生态文明建设的意义

1. 乡村生态文明建设是生态文明建设的重要组成部分

自然环境是人类赖以生存的空间，人类所用的一切物品的根本来源是大自然。因此，只有遵循自然规律、保护自然、注重维护生态环境，才能实现可持续发展。在生态文明建设的背景下，随着城市环境准入条件的提高和环境管理的加强，一些地区出现了污染企业向农村转移的趋势，这给农村环境带来了巨大压力。农村地区面积大、分布广，农村环境质量会通过多种途径影响、改变城市的环境质量，如农村的水污染、土壤污染、空气污染都有可能通过食物链等渠道影响城市居民。因此，乡村生态文明建设不仅是生态文明建设的一部分，更是生态文明建设的关键环节。只有同步开展乡村生态文明建设和城市生态文明建设，才能避免城市污染向农村的转移，切实实现城乡生态环境质量的整体改善，保障粮食等食品安全和市民、村民的生命健康。

2. 乡村生态文明建设是关系党的使命宗旨的重大政治问题，是党在新时代的使命之一

源于汉代刘安编纂的《淮南子·氾论训》的"治国有常，而利民为本"准确地阐述了中国共产党"权为民所用、利为民所谋"的治国理念。中国共产党始终秉持全心全意为人民服务的宗旨，不忘初心，时刻关注人民的生活，致力于解决广大人民的合理需求。当前，我国农村的生态环境保护与建设工作距生态文明的要求还有很长的距离，还远不能满足广大农村群众对环境质量日益提高的要求，不能适应建设社会主义新农村和小康社会的需要。

发展乡村生态文明建设已经成为中国共产党的重要任务之一。要想建设美丽乡村，提供更多的优质绿色食品以满足人们日益增长的对优美生态环境的需要，就必须充分发挥中国共产党的领导作用，引导人们致力于乡村生态文明的发展。

3. 乡村生态文明建设是关系民生的重大社会问题，影响着社会的和谐稳定

习近平总书记强调："生态环境破坏和污染不仅影响经济社会可持续发展，而且对人民群众健康的影响已经成为一个突出的民生问题，必须下大气力解决好。"

当今，严峻的农村环境形势已成为我国农村发展的重要制约因素。农村地区的生态环境污染问题十分严重，生活污染和工业污染叠加、各种新旧污染相互交织等一些环境问题危害人民群众的健康，影响人民的生产和生活及社会的稳定发展。

生活污水和工业污水的排放量逐年增加，这些污水的不达标排放造成了广大乡镇及

农村的饮用水源水质呈细菌学指标超标及氨氮超标等状况，长期饮用不卫生的水会对人们的身体健康造成很大的伤害。

此外，化肥、农药、除草剂、生长激素等农用化学品的过量使用和使用不当对水体、土壤造成了严重的污染，土壤、水的污染造成有害物质在农作物和鱼类等产品中积累，并通过食物链进入人体，引发各种疾病，危害人体健康。由此可见，农村环境污染问题已经升级为影响人民身体健康和幸福生活的民生问题。乡村生态文明建设已经成为刻不容缓的安抚民心的重要举措。

素养提升

具体问题要具体分析。要在充分考虑乡村生态文明建设特殊性的基础上，将中央要求与地方实际结合起来，并将生态文明建设与经济、政治、文化、社会和党的建设统一起来，系统推进。同时，还要因地、因事、因时制宜，运用文化、法律、道德和经济等多种手段推进乡村生态文明建设。

三、乡村生态文明建设的路径

要推进乡村生态文明建设，统筹山水林田湖草系统治理，持续改善农村人居环境。良好的生态环境是农村的最大优势和宝贵财富。我们要加强乡村生态文明建设，注重保护生态环境，发展绿色产业，改善安居条件，培育文明乡风，建设美丽乡村。

1. 健全乡村生态治理制度

制度建设是推进乡村生态文明建设的重要保障。要完善乡村生态环境保护法律制度，依法严惩滥用农业资源和破坏乡村生态环境的违法行为。建立农业自然资源产权制度，对山水林田湖草等农业自然资源开展确权登记工作，执行最严格的耕地保护制度、水资源管理制度。健全乡村生态治理评价制度，制定农业安全种植、产地环境评价、林草地质量评价、农业资源保护、农业生态环境保护等重要标准，构建乡村生态环境监管大数据平台和乡村生态治理智能服务支撑体系。

2. 构建乡村生态产业格局

推进农业结构调整，发展农业循环经济，构建绿色生态农业体系是推进乡村生态文明建设的重要内容。要以农业科技为引领，创新农业绿色生态发展模式，推动农业现代化和绿色化发展。构建绿色农业全产业链，实现农业生产资料供应、农业科技创新、农业加工和服务业的绿色化。延长绿色产业链条，从初加工到精深加工到综合利用转变。加强绿色产业融合，建立绿色农产品生产基地，开发特色生态农产品和品牌，加快发展乡村生态旅游休闲业。

3. 倡导农村绿色生活方式

在广大农村地区推广绿色生活方式不但很有必要，而且十分迫切。要开展创建绿色家庭、绿色乡村、绿色田园行动，推进农村绿色发展、循环发展、低碳发展，倡导农村居民简约适度、绿色低碳的生活方式。提倡农村绿色居住，鼓励农民采用绿色低碳建筑材料，推广使用环保清洁能源和节能高效低碳产品。推行农村绿色消费，反对奢侈浪费和不合理消费，推进餐厨废弃物资源化利用。鼓励农村绿色休闲，创新农村智慧低碳娱乐休闲方式，开发农村健康休闲、绿色体验旅游产品。

4. 提升乡村生态环境质量

农村环境是生态系统的重要一环。要改善农业生态环境质量，加强农业面源污染防治，引导农户科学施用化肥和农药，减少白色污染和畜禽养殖污染。保护和修复农村自然生态系统，对退化、污染、损毁农田进行改良和修复，强化农田生态保护。提高农业、林业、养殖业气候适应能力。加快美丽乡村建设，完善县域村庄规划，开展农村人居环境整治，治理村庄生活垃圾，普及卫生厕所，管控生活污水乱排乱放，实现村庄人居环境质量全面提升。

素养提升

乡村生态建设周期较长，大气、土壤和水的治理有其内在规律，修复遭到污染的土地、水域和受到破坏的草地、森林，少则需要数年，多则需要数十年甚至更长时间。因此，推进乡村生态文明建设来不得半点虚假，没有捷径可走，必须摒弃急功近利的思想，稳扎稳打。落实习近平总书记的重要指示要求，需要我们发扬钉钉子精神，牢固树立"功成不必在我，功成必定有我"的理念，科学编制乡村生态文明建设中长期专项规划，一茬接着一茬干，一张蓝图绘到底。

四、乡村生态文明建设的成就

1. 绿色发展方式逐步建立

产业振兴是农村生态文明建设的重要物质基础，在农村生态文明建设的探索和发展过程中，各地农村依托自身优势资源和区位特色，走出了一条各有所长的生态产业振兴之路。一是目前已经形成了一批农村生态产业发展的成功典型范例，例如，河北塞罕坝的成功经验，不仅是对环境面貌的改变，还创造了巨大的生态及经济价值，为全球生态安全做出新贡献。又如，浙江安吉将环境保护与经济发展相结合的成功经验，为农村生态文明建设提供了可供参考的样板。二是积极利用现代先进科技创新成果，深入推进农业产业生态化，我国粗放的农业生产方式逐步改善，通过在农业中植入创意元素，将农业资源、生态资源转化为经济资源，实现了休闲农业和乡村旅游的快速发展。

2. 农村人居环境显著改善

改善农村人居环境是农村生态文明建设的一场硬仗。党的十九大报告将生态宜居作为乡村振兴战略的重要内容，明确要求开展农村人居环境整治行动。2018年年底至2019年年初，《农村人居环境整治三年行动方案》《农村人居环境整治村庄清洁行动方案》《关于推进农村"厕所革命"专项行动的指导意见》等相继出台，这些政策的有效落实使得农村

垃圾、污水、面源污染等问题得到一定程度的解决，在一定程度上改变了村容村貌，农村人居环境得到了极大改善。据农业农村部发布相关数据显示，截至2019年上半年，全国80%以上行政村的农村生活垃圾得到有效处理，近30%的农户生活污水得到处理，农村改厕率超过一半，污水乱排乱放现象明显减少，厕所卫生环境得到明显改善。

3. 农村生态文明制度规范建设不断完善

党的十八大以来，党中央高度重视生态文明相关法律法规和制度建设。党的十八届三中全会通过的《中共中央关于全面深化改革若干重大问题的决定》提出，"建立系统完整的生态文明制度体系，实行最严格的源头保护制度、损害赔偿制度、责任追究制度"。2014年4月新修订《环境保护法》也对农业环境保护、农村环境综合整治、农业面源污染防治等进行了原则性规定，虽然还比较宽泛笼统，但也为农村生态文明制度建设提供了必要的国家层面的法律保障。除全国层面的法律、法规外，地方性立法也开始关注农村环境保护。随着地方性农村生态环境保护条例的出台，地方层面的农村生态文明制度建设也在逐步完善。

4. 农村生态文化建设初见成效

生态文化是生态文明的基础工程。党的十八大以来，习近平总书记关于"绿水青山就是金山银山""保护生态环境就是保护生产力"等生态文明建设的思想和观点已广泛传播，已形成农村生态文明建设的重要文化资源，并深刻影响了广大基层干部和农民的生态环境观与生活行为习惯。总体上来看，实现农业农村现代化的绿色发展之路已形成共识，生态化生活方式在农村的认同度逐步提高，并表现在其生产和生活行为方式中，如主动参与厕所改造，滥用农药、随意焚烧秸秆等行为越来越少，农村生态文化建设初见成效。

素养提升

　　民族要复兴，乡村必振兴。习近平总书记强调："建设好生态宜居的美丽乡村，让广大农民在乡村振兴中有更多获得感、幸福感。"只有立足国情，实事求是，按照既定部署处理好生态保护与经济发展及发展与安全的关系，才能有序有效推进生态文明建设和乡村振兴，力争到2022年农村人居环境显著改善，到2035年乡村生态环境根本好转，到2050年农业强、农村美、农民富的目标全面实现。

稼穑两三事

农业生态文明核心理念

　　农业生态文明核心理念的进步与发展必然是呈现真、善、美的过程，因此，评判农业生态文明核心理念的标准也应当在这三个层面展开。只有符合科学标准、人性标准、和谐标准的理念，才能确立为核心理念，只有在这样的核心理念指导下的农业生态文明，才是人类追求的真、善、美。

一、科学标准——真

农业生态文明的核心理念必须是科学的，不仅反映农业文明的历史逻辑，而且体现人、社会及农业生态变化规律。农业生态文明的核心理念必须体现人类文明发展的历史逻辑。农业文明在人类文明体系中占据重要的地位，特别是对华夏文明产生极其深刻的影响，因此，农业生态文明的核心理念是从历史走来，不仅立足于传统农业文明的精华，而且包容化学农业文明的高效，是人类文明的重要组成，体现了"政治、经济、文化、社会、生态"五位一体的整体、系统、绿色发展，否则就是历史虚无主义。

农业生态文明的核心理念必须体现人、社会及农业生态变化发展规律。农业生态文明是指从事农业生产实践的群众，在人、社会与农业自然环境协调发展思想的指导下，按照人、社会发展需要，遵循农业生态系统内物种多样、物质循环、能量多层次利用的生态变化规律，运用系统论、控制论、信息论方法，全面、合理优化组织农业生产，实现农业优质、高效与农业生态完好的思想、制度和行为，是一种生产方式、消费方式和人的生存方式。其作为一种教化、引导、规范人类发展的文明形式，实质内容是人的精神、价值理念。"文明意味着超出自在的自然，包含着自在自然不可能有的新东西。"因此，农业生态文明的核心理念必须立足于人、社会和农业生态发展的科学性，只有这样的理念，才能体现真。20世纪中期以来，为了克服化学农业的恶果——环境问题，英国、日本、美国、瑞士等许多国家发展了多种生态农业替代化学农业，如"生物农业""有机农业"等，这些农业生态文明形式反映了人、社会与自然的真实统一。

二、人性标准——善

农业生态文明就是以人性为标准、创造出人化自然的文明，这是一个通过农业生产为人性"立法"并不断彰显、生成人性的过程。农业生态文明的核心理念必须立足于人性标准，从而使农业生态文明成为符合人性的文明。

农业生态文明的核心理念必须符合人性。农业这一特殊而古老的行业，是协调人与自然关系、满足人类生存与发展所需要的食品等物质的有效途径。从现象看，农业生产的是食品；从文化实质看，农业生产的是人类的良知和生命。因此，农业生态文明核心理念是符合人性的理念。农业生态文明建设的整个过程，就是在核心理念的指导下，影响人的认知并在农业生产中通过人的农事活动表达出来，这时就会衍生出"善"与"恶"的社会人性。如果符合人性的核心理念缺失，那么人类的农业生产、消费行为就会失去人性约束，任凭人的本能、邪念与贪欲的扩张，过度浪费资源、破坏农业环境、过量使用化肥和违禁剧毒农药等不良的行为也就不可避免，非人性的现象就会屡见不鲜。可见，农业生态文明核心理念必须是符合人性的理念。

可见，农业生态文明与符合人性的核心理念密不可分，农业生态文明就是以生态为标准，在人性基础上规范人的认知、心态、思想和行为的过程。这不仅是为人的思想"立法"，更重要的是为人的行为"执法"，使人成为人的过程。面对农业生态危机的困境，

只有强化符合人性的核心理念，人们才能向"善"，农业生态文明建设才是可能的。

三、和谐标准——美

和谐是指构成事物的各个要素之间动态协调、平衡的一种理想状态。农业生态文明的核心理念主要表达人与自然、人与人、人与社会的和谐关系。和谐是世界万物相互影响、相互作用的结果，是世界万物动态展示自然美的历史过程。

在传统农业文明中，由于农业生产力水平低下，人受必然性的支配，通过农耕行为彰显自然规律，这是原始的人与自然和谐的关系，呈现"天人合一"之美；近代以来，随着人口的增加、社会的发展、科学技术的进步，化学农业取代传统农业，人控制自然的能力显著增强，在极端的人类中心主义思想影响下，在资本逻辑推导下，自然界失去了往日霸主地位的神话光环，成为人类征服、统治、占有、践踏的对象，成了人类满足私欲的资源。自然规律是物极必反，自然界报复人类早已从人类破坏环境时开始了，农业生态危机只是人与自然关系严重恶化的表现，这种状况直接威胁到人类的生命安全，表现了人与自然关系的丑态。人类要生存发展，必须用美的知识和信念来进行农业劳动，这就是农业生态文明建设。正像马克思所说的"动物只是按照它所属的那个种的尺度和需要来构造，而人却懂得按照任何一个种的尺度来进行生产，并且懂得处处都把固有的尺度运用于对象，因此，人也按照美的规律来构造。" 农业生态文明的核心理念不仅符合科学、人性，更重要的是按照自然规律来构建，这样，农业生态系统才能拥有一个真正美好的和谐世界。

知稼穑明人生

农村生态文明建设前瞻

加强农村生态保护与治理，加快美丽乡村建设。我国农村环境问题的出现，很大程度上与农业生产和农民生活方式的不合理有关。生产、生活产生的废弃物无法实现有机循环利用，必然造成农村生态环境的污染，损害农村人居环境。因此，农村生态文明建设，必须加大对农业面源污染的防治力度。一是加大技术研发力度，提高农药化肥利用率，减少农药化肥的使用量，加快有机化肥推广，探索生态农业发展之路；二是强化养殖业、工业污染和农膜等白色污染专项整治，加强对土壤资源的管控和修复。生态宜居是农村生态文明建设的重要目标，农村生态文明建设必须加强农村垃圾收集、污水处理等基础设施建设，进一步提升人居环境质量，特别是要总结"厕所革命"实施以来的经验和教训，真正做到因地制宜、切合实际地科学规划厕所改造的有效实现模式，加快美丽乡村建设。

转变农业发展方式，大力推进绿色低碳循环农业发展。农村生态文明建设，必须大力促进生态产业振兴。一是必须加速由高耗能、高污染的粗放型农业生产方式向清洁循环的集约型农业发展方式转变，加强农业科技研发与推广应用，建立覆盖农业生产资料供应、农业技术研发与应用、农业产品加工和服务流通的全产业链绿色化农业发展模式；依托区域资源优势，开发特色生态农业产品，加强农业与旅游业的有机结合，大力发展绿色休闲农业，加快乡村生态旅游业发展。二是促进农业资源循环利用；大力实施农业标准化生产，积极推进农业清洁生产，低碳发展，提高禽畜养殖废弃物资源化利用；建立完善的农业用水管理制度，依靠技术进步，发展节水技术，推广污水治理和回用技术，加强水资源的保护和循环利用。

完善农村生态文明制度建设，强化组织领导与激励。农村生态文明建设，必须加强制度建设，用制度保护生态环境。一是要尽快在国家层面建立一部关于农村环境保护的专门性法律、法规，并通过配套法律规范建设逐步将农村生活垃圾污水的处理要求、农业面源污染的防治要求，以及农业生产中农药化肥的使用标准、农村工业生产中的排污标准、规模化畜禽养殖业废弃物资源化利用标准等全面纳入法律规范，实行最严格的农村生态环境保护制度；二是要加速农业自然资源产权制度、有偿使用制度和生态补偿制度建设，加快山、水、林、田、湖、草等农业自然资源的确权登记，明确和细化农村自然资源的所有权、经营权、承包权、流转权，严格执行耕地保护制度、水资源管理制度；三是加强组织领导和激励机制建设，细化落实县市、乡镇、村三级组织的责任分工，加快建立农村生态环境信息资源共享和监管大数据平台，建立健全农村生态环境治理绩效评价与问责激励制度，以科学评价和精准问责与激励助推农村生态环境的良好治理。

加强农村生态文化建设，加大资金投入力度。农村生态文化建设是文明乡风建设的重要内容。一是加大生态文化宣传教育，通过推出生态保护典型案例和作品，提高广大农村农民对生态保护的认知和重视，让生态文明思想在农村大地扎牢、扎实，提高广大农村干部群众的生态文化自觉意识；二是深入推进创建绿色乡村，鼓励绿色消费，推广环保清洁能源，推进餐厨废弃物资源化利用，逐步形成绿色低碳的生态消费观和生活方式，推动农村生态文化发展。此外，各级财政应该加大投入，扎实推进乡村建设，以农村人居环境整治提升为抓手，立足现有村庄基础，重点加强普惠性、基础性、兜底性民生建设，加快县域内城乡融合发展，逐步使农村具备基本现代生活条件。

耕读学思

农村的生态环境一直受到国家的高度重视，去年，我国在乡村发展和建设方面也要求各地区要开展绿色发展战略，将农村打造成"美丽宜居乡村"。随后，我国在新一轮的三农工作中，部署了新的五年行动方案，要求各地区加快提升并整治农村的人居环境。

农业绿色发展
存在的问题

2022年，一份新的文件再次引起了人们的热议，我国现在已经印发了《关于"十四五"土壤、地下水和农村生态环境保护规划的通知》，在该通知中也提到了一些和农村生态环境治理方面的措施。这样意味着新的一年，农村生态环境方面也将迎来大整顿，其中有4个问题要治理，新增完成8万个行政村环境整治任务。

思考：为什么要整治农村生态环境？当前农村生态环境存在哪些问题？

项目八 活力农村：农村经济建设

项目导航

近年来，我国经济建设的速度持续加快，尤其农村经济建设已经进入了快车道。在这样的时代背景下，新农村建设方针的落实深度持续增加，农村经济建设的力度逐渐加大，优化调整相应的农村经济建设措施，促进我国农村经济更好、更快发展是当前我国发展的重要任务之一。

知识结构

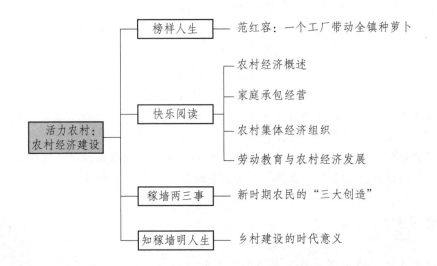

学习目标

【知识目标】

1. 认识农村经济现状。

2. 掌握农村经济优化的主要手段。

【能力目标】

1. 能够对农村经济建设有一个初步的认识与了解。

2. 能够与同学分享劳动教育与农村经济发展的历史意义。

【素养目标】

为推动全面建设小康社会顺利开展，促进农民和农村共同发展繁荣，必须从发展农村经济特别是乡村振兴大环境入手。通过学习本项目，对中国农业发展现状有基本了解，强化学生对中国农村经济问题的独立思考。

🏆 榜样人生 ●

范红容：一个工厂带动全镇种萝卜

"范总，多亏你搞起了风萝卜深加工，让我们种萝卜也能挣钱，我要将种植面积再扩大5亩。"2020年9月19日，丰都县龙河镇洞桩坪村，禾禾禾生态农业公司总经理范红容正在地里和村民们一起播种萝卜。在禾禾禾生态农业公司的带动下，今年，贫困户向颜明种植的萝卜再次喜获丰收，他高兴得老远看见范红容就嚷嚷说要扩大种植规模。

洞桩坪村海拔为500多米，得益于独特的土壤、气候条件，这里出产的萝卜红皮白心、脆嫩化渣，不仅深受丰都人们的喜爱，还销往涪陵、石柱等周边区县。到冬季，当地村民习惯将新鲜萝卜切条，用竹篾穿起来，晒干后制成风萝卜干。

然而，随着市面上蔬菜品种不断丰富，竞争愈加激烈，加上龙河一带交通闭塞，当地农户又不熟悉市场，销售渠道单一，蔬菜行情不好时，大量萝卜烂在地里，这让从小在龙河长大的范红容颇为心疼。

事实上，早在2013年，范红容就辞去沿海的工作，在洞桩坪村成立农业公司，建立了种植基地和加工厂房，发展风萝卜产业。然而，农业产业投资大，回报慢，公司很快因缺乏后续资金陷入困境，她不禁打起了退堂鼓。2015年，在村支两委帮助下，范红容向银行成功申请到90万元的无抵押助农贷款。利用这笔资金，范红容一改过去农家"小作坊"的生产方式，引入生产线对整个生产工艺进行提档升级。"我们采用控温风干技术进行封闭式流水线生产，有效克服传统风萝卜晾晒周期长、易霉变的缺点，产量和品质都有了很大提升。"范红容告诉记者。

2016年，范红容为风萝卜干注册了商标"舔碗匠"，以提高产品辨识度，同时借助消费扶贫、农交会、特色农产品展等活动，不断打开销售市场，逐渐将风萝卜干卖到了北京、上海等地区。随着产品销量节节攀升，基地种植的萝卜已无法满足生产，2018年，范红容决定采取"公司＋基地＋农户"的模式，带动周围村民发展萝卜种植，分享产业红利。

贫困户向颜明就是范红容发展的第一批萝卜种植户。"种子、肥料都由公司免费提供，还有农技专家定期指导生产，种出的萝卜不仅个头大、口感好，而且由公司按照不低于市场价的保底价统一回收，一点不担心销路。"向颜明高兴地说。2018年，他种植6亩萝卜，亩产达3 000千克，仅卖萝卜他就挣了2万余元，实现了当年脱贫。

截至目前，禾禾禾生态农业公司共带动龙河镇2 000余户村民规模种植萝卜，涉及

洞桩坪村、长坡村、毛天坝村等 6 个村。之后，公司又搭建起"线上线下"展销平台，借助"双晒"直播等互联网营销手段，平均每月风萝卜干的线上销售额可达 20 余万元。

快乐阅读

一、农村经济概述

1. 农村经济的概念

农村经济是指农村中的各项经济活动及由此产生的经济关系，包括农业、农村工业和手工业、交通运输业、商业、信贷、生产和生活服务等部门经济。

农村经济结构是农村中各主要经济成分或要素的构成情况及其相互关系，即农村区域中农、林、牧、副、渔、工、商、交通、建筑、金融、文教及各项服务行业的构成情况及其相互关系。包括以下几项：

（1）生产结构。如农村中各生产部门的组成情况及其相互关系等。

（2）经济组织结构。如所有制不同的经济组织的组成情况及其相互关系，所有制性质相同的经营形式不同的经济组织的组成情况及其相互关系等。

（3）技术结构。如落后、中间和先进三类技术的组成情况及其相互关系，各类技术内部的组成情况及其相区关系等。

（4）流通结构。如不同所有制流通渠道的组成及其相互关系，不同流通方式的组成情况及其相互关系等。

（5）分配结构。如产品在农村社会和生产单位之间的分配的组成情况及其相互关系，在同一生产单位内部，各成员之间分配的组成情况及其相互关系等。

（6）消费结构。如衣、食、住、行、文化、教育、卫生等项支出的组成情况及其相互关系，消费品中自给部分和购入部分的组成情况及其相互关系等。

2. 农村经济的特点

（1）农村生产资料以公有制为主体，管理的目的则是获取最大的经济效益、社会效益和生态效益。

（2）农村经济的范围是处在农村地域范围内的农、工、商、运、建、服等部门。

3. 农村经济发展的重要性

（1）农业经济发展是人口大国的必然选择。中国约有 14 亿人口，吃、穿、住、行与人们的生活息息相关。城乡一体化工作开展后，实现了农民向市民转变。没有了"农民"这个名词并不意味着城市能容纳所有的流入人口。流入人口的急速增长增加了城市就业压力、教育资源压力，原本压力就大的城市需要承受更大的压力。

城市的生活压力远比农村大，城市的生活节奏远比农村快，城市的生活成本远比农村高，农民向市民的转变不意味着经济收入的提高。征地后失去土地的农民有了市民的待遇，同时，需要承受市民的压力。文化程度不高的农民容易造成摩擦性或结构性失业。农村打架斗殴时有发生，生存环境使人堪忧。合理的人员流动能促进市场经济的发展和社会的稳定。

①农业经济发展促进市场经济的发展。农业经济发展不仅能促进市场经济发展，还能促进第二、第三产业发展。农业经济属于第一产业。最近受关注的经济作物备受人们青睐，经过检疫检验合格后的经济作物远销海内外。近几年开发的农家乐更是给市场经济增添新的活力，农业经济发展实现了"脱贫致富"项目，传统农业产品销售只能通过政府采购，脱贫致富之后，村里修建了出村的公路，架设了电网，搭建了电商平台，增设了技术支持站。在政府的帮扶下，农业实现了多元化发展，市场实现了多种经济体制共存。

②农业经济发展促进社会的稳定。农业经济发展不仅能提高农村人口文化程度，还能促进社会稳定。农业经济发展关键在人。农村人口大部分文化程度较低，收入不稳定且经济收入不高。农村治安问题一直是受关注的问题。农村经济的繁荣可以解决农民选择外出务工后农村土地荒废、劳动力缺少的问题。

农业经济发展实现了"惠农"项目。合理的人员流动促进社会稳定。近年，国家实行惠农政策，在资金方面给予了农村发展支持，在技术方面给予了农民技术支持，农民的发展得到了有力的保障。只有农民收入稳定了、经济收入提高了、素质提高了，农村治安问题才得到妥善解决。

（2）农业经济发展是教育发展的必然选择。

①知识是人类进步的阶梯。农村教育资源不够、质量不高是农村教育工作者一直考虑的问题，教育资源匮乏、基础设施不完善是一直困扰农村教育工作者的难题。大学生面临找工作的压力。农村经济发展不仅能吸引大学生到最需要人才的地方去，而且能缓解大学生就业压力。古语云："人才强国、科教兴国。"农村教育工作者只有把好经济发展的脉络，才能留得住人才。

②农业经济发展促进农村教育质量的提高。农村教育基础差、底子薄，人员素质普遍不高。农业经济发展不仅能缓解城市压力，还能提高农村教育质量。

③农业经济发展实现了"引进来、走出去"项目。农业经济发展能够使更多的孩子接受义务教育和高等教育。教育从娃娃抓起，从根本上解决农村教育差、底子薄的问题，提高教育质量，促进教育发展。

④农业经济发展促进农村儿童健康成长。农村经济条件差，没有足够的资金保障儿童的饮食环境和饮食条件。农业经济发展能促进农村经济发展，提高饮食条件，改善饮食环境，使更多的儿童吃上和城市儿童一样经过检疫检验合格的、营养的、卫生的、健康的一日三餐。

（3）农业经济发展是居民健康发展的必然选择。

①吃得好不好、吃得健不健康等直接关系到居民的身体健康。中医强调"民以食为天，药补不如食补"，食物中蕴含着各种人体需要的营养物质。居民在健康方面不注意，缺少营养均衡的意识，不能做到合理膳食。农业经济发展不仅能改善居民健康状况，而且能降低疾病发生的概率。

②农业经济发展促进居民合理膳食。农业经济发展不仅能促进市场经济发展，还

能改善居民健康状况。农村人口大部分收入不稳定且收入不高，每年的收入仅够维持生计，一日三餐不能得到保证。农业经济发展不仅能提高农民收入，还能降低物价。

③农业经济发展实现了"扶贫"项目，能够增加农民收入，使农村人口每人都能保证一日三餐，提高农民身体素质，促进居民合理膳食。只有增加农民收入，保证合理膳食，才能提高农民身体素质，实现改善居民健康状况的目标。

④农业经济发展促进居民营养均衡。农业经济发展不仅能促进市场经济发展，还能促进居民营养均衡。大部分农村人口饮食结构不合理，没有做到荤素搭配，缺乏专业的营养师指导。农业发展实现了"中国好谷物"项目，能够实现居民营养均衡，做到荤素搭配，指导居民饮食结构合理，降低疾病发生的概率。

课堂故事

徐光启（1562—1633 年），上海县法华汇（今上海市）人，明代万历进士，官至崇祯朝礼部尚书兼文渊阁大学士、内阁次辅，中国著名古代科学家和农学家。

徐光启精晓农学，著作甚多，计有《农政全书》《甘薯疏》《农遗杂疏》《农书草稿》《泰西水法》等。成书于明代万历年间，至今已有 400 年历史。

《农政全书》基本上囊括了中国明代农业生产和人民生活的各个方面，而其中又贯穿着一个基本思想，即徐光启的治国治民的"农政"思想。贯彻这一思想正是《农政全书》不同于其他大型农书的特色所在。书中提出水利为农之本，无水则无田，专门讨论开垦和水利问题。同时，根据多年从事农事试验的经验，极大地丰富了古农书中的农业技术内容，系统地介绍了长江三角洲地区棉花栽培经验，内容涉及棉花的种植制度、土壤耕作和丰产措施，其中最精彩的就是他总结的"精拣核，早下种，深根，短干，稀科，肥壅"的丰产十四字诀，并积极进行新作物的试验与推广。对甘薯的栽培与推广，写下了详细的生产指导书《甘薯疏》，用以推广甘薯种植，用来备荒。同时，对于其他一切新引入、新驯化栽培的作物，无论是粮、油、纤维，也都详尽地搜集了栽种、加工技术知识，有的精彩程度不下棉花和甘薯。这就使得《农政全书》成了一部名副其实的农业百科全书。

二、家庭承包经营

家庭承包经营是中国农村土地的一种使用制度。始于 20 世纪 70 年代末的中国改革是从农村开始的，农村改革是从实行家庭承包经营开始

土地制度改革

的。改革开放以来，我国农村发生了历史性的变化，取得了举世瞩目的成就：农村生产力高速发展，农业总产值和主要农副产品产量高速增长；农业结构、农村产业结构不断得到调整和优化，由此也带来了整个社会产业结构的调整和优化；农民收入迅速增长，生活水平不断提高。这些变化和成就的取得原因是多方面的。

在新的历史时期，我国的农业普遍实行家庭经营的形式，除生产力的发展水平是构

成家庭承包经营的原始动因外，农业实行家庭承包经营的决定因素还有以下两个。

（1）农村实行家庭承包经营制是农业生产的特点所决定的。农业生产是"露天工厂"，是经济再生产和自然再生产的交错结合。农作物生长的季节性、周期性和生产过程的有序性决定了农业生产要按季节束缚的生长过程依次进行各种作业。农业生产的自然再生产和经济再生产的统一性，农业劳动过程中显著的季节性和突击性，与家庭经营具有很大的共通性；农业生产的工具从手工工具到现代化机器几乎都由个人操作，这与农业家庭经营的普遍存在是直接相关的。农业自然环境的复杂多变性和不可控性决定了农业的经济管理决策要因时、因地、因条件制宜，要有灵活性、及时性和具体性。这只有将决策权分散到直接生产者才有可能实现，也只有这样才能使生产者最有权威做出切合实际的决策。

（2）农业劳动一般不形成中间产品，劳动者在生产过程各环节的劳动支出状况，只能在最终产品上集中表现出来，这决定了农业分配组织的规模不能超出由利益一致的劳动者构成的范围。以家庭作为生产、分配组织，适应了农业的特殊要求。家庭的生产和消费具有同一性，家庭成员的利益一致，动力机制健全，以血缘为纽带的家庭具有持久的稳定性，家庭成员之间可以实现合理分工。实行家庭经营，家庭劳动者及其全体成员需进行合理分工，使时间和劳动力的充分利用都能达到最佳水平；决策和生产的统一使劳动者的经营自主权得到充分肯定，而家庭内部"有福同享，有祸同当"的利益关系也使得家庭经营有较好的整体协调性。大规模的经济组织则无法具备家庭经营这些得天独厚的条件。

家庭承包经营是农业现代化的重要条件。家庭承包经营较之单纯的集中统一经营虽然经营规模小了，但距离现代化的目标反而越来越近了。由于生产的发展和产业结构的调整，部分农民离土、离乡，另一部分农民就能够扩大土地经营面积，在农民收入增长的基础上，使发展农业机械化生产真正成了可能。机械化的采用，科学技术的推广，必须要以一定的物质条件为基础，而且当它们的推广应用真正能给农民带来好处，农民有要求时，它们才能真正被推广应用。否则，农民宁愿实行以人力、畜力为主的劳动工具和坚持经验型经营。

家庭承包经营使农民逐步走上了富裕之路，这为农业现代化的发展准备了必要的物质条件，而且提出了使用机械和推广科学技术的要求。家庭承包经营与农业专业化实质上是一致的。改革开放以来，随着家庭承包经营的发展，不少地方已经从"家家粮油棉，户户小而全"的结构向着"小而专"的方向发展，其中有不少农户还成了专业户，有的地方形成了"一村一品"甚至于"一乡一品"。即使是种植粮油棉等品种较多的农户，也有不少农户的经营规模扩大了，而且在全国有不少地方已经在很多经营环节上逐步实现了规模经营，如机耕、治虫、收割等。

现在，到了麦收季节，跨地区的机械收割已经形成了农业现代化的一道风景线。多种形式的规模经营为农业专业化提供了逐步发展的条件，而且这些形式易为农民所接受。实践证明，小规模的家庭承包经营只要同社会化的专业分工结合起来，就可以成为社会化大生产的一个重要组成部分。多层次、多形式的专业化生产是提高我国农村生产力的中坚力量，家庭承包经营是建立和巩固专业化生产的一个重要环节。实现农业专业

化过程，要求在一个较长的阶段稳定和完善家庭承包经营的形式。

三、农村集体经济组织

1. 农村集体经济组织的概念

农村集体经济是指以农村居住群体作为代表，由区域基层群体在社会中组织或构成的农村社会性活动。这种社会行为属于我国社会在共有集团制度应用的背景下，在自然社会环境中，由区域农户自主联合，将属于个人产权的社会资源（包括土地资源、房产资源、畜牧资源、农种资源等），投入社会构成的集体组织内，由集体农业构成或组织经营的大型社会经济活动。第三届农村经济代表会议中提出：要发展我国社会经济，应从农村集体经济组织入手，农村集体经济不仅关系到社会经济发展的稳定性，也关系到全面建设小康社会脚步的推进。

中共中央办公厅、国务院办公厅《关于加强和改进乡村治理的指导意见》从健全和完善乡村治理体制的角度指出，农村集体经济组织治理属于乡村治理中的重要环节，亟须在加强和改进乡村治理的宏观框架内进行整体提升与完善。

作为农业合作化运动时期出现并延续至今的一种集体组织形式，村集体经济组织在集体产权制度改革后因发展的规模化、产业化和现代化也具有了新的内涵。

村集体经济组织是建立在集体所有制基础上，以自愿和服务为原则，成员以劳动、资金、技术、生产资料等入股，享受成员权益和分享集体收益的合作性经济组织，并构建起了包括村民代表大会、理事会和监事会在内的法人治理结构，主要表现为合作经济组织、股份合作制和企业法人三种组织模式。实现乡村振兴的目标必须要重视集体经济的发展，而关键和保障则在于集体经济组织的经营和治理。

2. 农村集体经济组织的发展方向

（1）坚持以农民的利益为核心。在对农村集体经济组织结构创新的过程中，要坚持以农民的利益为核心，尊重农民的心声与民意，让农民自主选择，并在其中发挥引导与示范的作用，避免出现强迫、一刀切的行为，要以当地实际情况与资源优势为重点，在让农民充分表达自己意愿与想法的基础上，制定适合自身情况的新型农村集体经济组织结构。

①传统农业村镇要将工作重心集中农业发展中。传统农业村镇要灵活熟练的发挥自身的优势与特长，以生态农业、特色农产品种植为途径，发展并创新农村集体经济，并以此为基础对电子商务与农村物流领域进行延伸与拓展，打造供应链，提升农产品的经济效益与附加值。

②充分利用自身地理位置与交通便利的优势，以合作经营与组织劳务公司等方式，进一步推动农村集体经济组织结构创新。

③生态资源占据优势的村镇要把握生态资源优势。对生态与环境优势较为突出的村镇，通过打造绿色养老基地、天然民俗、休闲观光景区等方式，发展与农业相关的旅游、养老与生态产业，进一步丰富农村集体经济组织结构创新内容。

（2）发挥优势产业。

①根据农村供给侧结构性改革对种植、养殖产业进行引导。在社会经济水平不断提升的背景下，民众生活条件不断提高，对中、高端农产品的需求也在持续提高，同时，也暴露出我国农业在此方面供给不足，而低端农产品供给过剩的问题。

因此，县级单元要从农业供给侧结构改革为入手点，对农产品的种植与养殖结构进行调整，指导新型农村集体经济组织结构创新发展，使乡镇与行政村充分发挥自身的资源优势，对种植与养殖结构进行重新规划。同时，需要做好相关的调研工作，进一步实现信息互联，提高信息共享率，避免盲目模仿他人、产业雷同化、产品滞销、同质化竞争等问题造成的经济损失。

②落实农村电商服务发展。在新形势背景下，在发展并创新农村集体经济组织结构的过程中，势必要利用网络信息技术的优势，在"互联网＋"模式下探索全新的发展模式，带动农村农产品新产业，实现产供销一体化发展路线。因此，要加大力度指导新型农村集体经济与网络技术的融合发展。

第一，在农村建立完善的电商与配送综合服务网络体系，在农村集体经济组织结构创新发展的过程中提供线上支持与电商业务发展保障。

第二，大力支持并帮助农业经营主体在网络上开展售卖的行为，并有针对性有目标的对农民合作社提供免费的网络技术培训，大力鼓励并扶持农民了解并应用电子商务平台进行农产品销售。

第三，建立包含农资、农产品价格、工序等信息一体化的综合性服务平台，打造具备网络特色的品牌，拓展农产品与特色产品的网络销售规模。

第四，出台相关的政策用于鼓励并支持农村数字经济建设与发展，进一步推广创意农业、认养农业、观光农业的全新的业态发展，为农村集体经济组织结构创新发展进一步拓展发展空间。

③进一步规划农民专业合作社发展。在激烈的市场竞争环境下，传统分散式的经营方式已经难以适应当前农业的发展需求，需要依托集体经济结构结合分散的农户，结合当地的特色实施订单制、合同制的创新发展路线，进一步提高本地农业的竞争力，为当地农户带来更多的效益。当前农村集体经济多见合作社与农户结合的运行模式，但从当前运行情况来看，有些地区的农民专业合作社发展存在目标不清晰、缺乏规划与秩序的现象。虽然注册数量多，但是真正运营经营的数量并不多，形成的高品质品牌并不多，缺乏专业人才。

因此，要针对县级层面制定相关的发展规划，进一步规范农民专业合作社的要求，对乡镇注册数量提出具体的限制，从而明确发展方向，实现良性竞争循环。

<hr>

素养提升

<hr>

乡村振兴需要人才，人才培养需要教育。劳动教育是中国特色社会主义教育制度的重要内容，直接决定社会主义建设者和接班人的劳动精神面貌、劳动价值取向和

劳动技能水平。同时，劳动教育又受到乡村振兴的精神滋养，为乡村振兴提供价值取向、育人方式等支持。

四、劳动教育与农村经济发展

在我国社会主义教育事业中，劳动教育是其中最为重要的组成内容之一，通过劳动可以使学生体会到劳动的价值，明确如何通过劳动来创造价值，有效提高人才培养工作的成效。同时，劳动教育也有利于培养学生的劳动技能，使他们形成良好的劳动意识，促使学生在劳动的过程中提高综合认知、强化实践能力，进而使学生更加符合当前社会发展与建设的需要，成长为全新类型人才。而这种人才培养模式正符合我国当前农村经济发展阶段对于全新类型人才的要求，所以，劳动教育与农村经济发展之间便产生了一定的关联性，主要表现在以下几个方面。

1. 劳动教育可以为农村经济发展提供人才供应

在农村经济发展过程中，人才在其中起到至关重要的作用，人才质量的优劣也在一定程度上决定了农村经济发展的水平，而通过劳动教育可以有效提高学生的劳动技能，增强学生的劳动意识，使学生能够积极加入劳动中。

基于此项教学措施充分迎合了当前农村经济发展过程中对于人才的迫切需求，通过劳动教育为农村的经济发展提供人才供应，助力完善农村经济发展阶段的人才结构，从而促使我国农村经济发展拥有更为丰厚的理论支撑。所以，需要充分重视劳动教育，在教育工作当中科学开展劳动教育各项教学规划，以科学的教学规划推进劳动教育开展，从而满足农村经济发展阶段对于高素质人才的迫切需求，全面助推农村经济的蓬勃发展。

2. 劳动教育可以为农村经济发展营造良好的客观环境

在现阶段的教育事业中，劳动教育在其中占有极大的比重，同时，也具有极为重要的地位与作用，劳动教育可以强化学生的综合能力，帮助学生锻炼热爱劳动的精神及坚韧不拔的毅力，而这也成为学生能力发展的技术前提。因此，通过劳动教育可以使学生强化对于农村经济发展的思想认知，端正对待劳动的态度，从而使学生能够充分重视起劳动，并且愿意加入劳动当中，而这对于农村经济的发展可以起到良好的助推效果。而学生群体对劳动的愈发重视，则可以营造良好的环境氛围，进而在学生群体加入社会工作阶段在社会范围之内形成良好的劳动风气，改善社会对于劳动的看法。这对于农村农业劳动的发展来说可以起到良好的助推效果，为农村经济的建设与发展营造良好的社会环境，在全社会的范围之内掀起一阵热爱劳动、参与劳动的热潮，进而全面助力农村经济建设与发展取得良好的成效，促使我国乡村振兴战略的贯彻落实。

总之，通过以上方面措施能够令学生形成正确的劳动态度，并形成吃苦耐劳的精神，且在毕业之后积极加入农业劳动生产中，进而为我国农村经济水平的持续性提升奠定夯实的基础前提，充分发挥学生自身的科学文化知识，使学生能够将自身所学的理论知识付诸实践中，进而以坚韧不拔的毅力完成各项农业劳动内容，并且促使农村经济发展水平的创新，全面助推农村经济实现高水平发展。因此，劳动教育可以为农业经济发展营造起良好的客观环境，助推我国农村经济实现稳定且高效的发展。

3. 劳动教育可以强化学生农业劳动的思想认知

劳动教育也可以强化学生农业劳动的思想认知，使学生在劳动实践的过程中形成相应的劳动技能，增强学生能力，确保学生健康的成长。在实际劳动教育的过程中，教师在劳动教育阶段也需要穿插农村劳动的内容，从而使学生能够充分明确农村地区如何通过农业劳动创造经济价值，实现农业劳动与经济价值之间的有效转化，从而令学生端正思想状态，并且能够积极投身到农村农业劳动中，而这便可以为我国农村经济的高水平发展提供源源不断的高素质人才。学生在参与农村农业劳动阶段，可以应用自身所学习的科学文化知识助力农业发展水平的创新，从而有效提高农村经济发展的建设效率。

素养提升

农村经济建设就是全面发展农村生产建设，想尽一切办法增加农民收入，并建立长效增收机制，最终达到农民与城市居民共同富裕，城乡基本无差距。现在我国的城市建设已经非常不错了，很多大城市发展得比发达国家的城市还要好，但是农村地区的发展却还不尽人意。因此，只有做好农村经济建设，才能最终实现共同富裕这一目标。

稼穑两三事

新时期农民的"三大创造"

一、凤阳"大包干"

1978 年 11 月 24 日晚上，安徽省凤阳县凤梨公社小岗村西头严立华家低矮残破的茅屋里挤满了 18 位农民，关系全村命运的一次秘密会议此刻正在这里召开。这次会议的直接成果是诞生了一份不到百字的包干保证书，其中最主要的内容有三条：一是分田到户；二是不再伸手向国家要钱、要粮；三是如果干部坐牢，社员保证把他们的小孩养活到 18 岁。在会议上，队长严俊昌特别强调："我们分田到户，瞒上不瞒下，不准向任何人透露。"1978 年，这个举动是冒天下之大不韪，也是一个勇敢的甚至是伟大的壮举。

1979 年 10 月，小岗村打谷场上一片金黄，经计量，当年粮食总产量 66 吨，相当于全队 1966 年到 1970 年 5 年粮食产量的总和。

1980 年 5 月 31 日，邓小平在一次重要谈话中公开肯定小岗村"大包干"的做法。1980 年 9 月，中央下发《关于进一步加强和完善农业生产责任制的几个问题》，肯定在生产队领导下实行的包产到户，不会脱离社会主义轨道。1982 年 1 月 1 日，中国共产党历史上第一个关于农村工作的"一号文件"正式出台，明确指出包产到户、包干到户都是社会主义集体经济的生产责任制。此后，中国政府不断稳固和完善家庭联产承包责任

制，鼓励农民发展多种经营，中国因此创造令世人瞩目的用世界上7%的土地养活世界上22%人口的奇迹。

农村经济的发展推动了农村行政体制的改革。1983年10月，中共中央、国务院发出《关于实行政社分开建立乡政府的通知》，到1984年年底完成政社分开工作。原来政社合一的人民公社被废除，建立乡（镇）政府作为基层政权，同时成立作为群众性自治组织的村民委员会，推动中国基层民主向前迈进一大步。

中国奇迹：粮食生产

二、第一个村民委员会——合寨村村民委员会

1979年，家庭联产承包责任制改革的春风吹到了广西宜州市屏南乡合寨村这片土地上，当地群众生产积极性空前高涨，农业生产得到快速发展。但是，人民公社"三级所有，队为基础"的农村管理体制已不适应形势发展的需要，农村公共事务的管理出现涣散状态，引发了许多社会问题。合寨，这个地处宜山、柳江、忻城三县交界的小村庄，出现了赌博闹事多、偷牛盗马多、乱砍滥伐林木多、唱流氓山歌多、放浪牛浪马多、搞封建迷信活动多、管事的人少等"六多一少"的混乱现象，群众对治安混乱状况很不满意。

1980年年初，合寨大队（现为合寨村）村民在当地党组织的领导下，冲破体制束缚，大胆创新，采取无记名投票和差额选举的办法，选举产生中华人民共和国成立后的第一个村民委员会，组织村民讨论制定村规民约，摁下红手印，开始实行村民自我管理的新路子。

合寨村成立村民委员会的做法，迅速引起了各级党委、政府乃至全国人大的高度关注。随后，成立村民委员会、制定村规民约这股强劲的改革春风，迅速吹遍中国农村大地。在取得试点成功的基础上，1982年，五届全国人大五次会议将村民委员会正式写入《宪法》，从此，村民委员会由合寨走向广西、走向全国。

如果当年安徽小岗村农民冒死揭开的是中国农村经济体制改革发展的序幕，那么宜州合寨村村民则是迈出了在中国共产党领导下实行村民自治的崭新路子，他们的创举揭开了中国农民"民主选举、民主决策、民主管理、民主监督"的历史序幕，开创了共和国农村民主政治的先河。

三、乡镇企业前世今生

我国乡镇企业始于20世纪50年代，前身叫作"社队企业"。在1958年的时候，它指的是"公社和农业生产大队所创办的集体企业"。改革开放后的1984年3月，中央4号文件"将"社队企业"更名为"乡镇企业"，并指出："乡镇企业已成为国民经济的一支重要力量，是国营经济的重要补充。"

乡镇企业萌芽于中华人民共和国成立初期的农村副业和手工业。到1957年，第一个五年计划胜利实现后，我国呈现经济繁荣、人民生活有所改善的良好局面。但是，由

于副业和多种经营发展缓慢，虽然粮食连年增产，农民的收入却增长缓慢。

这时候的中国农村，虽然社会生产关系发生了深刻改变，但生产力依然落后，中国几亿农民普遍还在使用原始的耕作方式在土里刨食，农业生产效益不高，农民生活困苦，尤其是像江苏、浙江这种人多地少的省份，农民靠务农收入难以解决一家人的温饱问题。成千上万的农村劳动力需要和渴望在非农产业中找到一条生存之路。

1958年，中央明确表态可以办企业之前的两三年，在江浙地区，已有极个别的公社和生产大队，在半公开地进行"社队企业"的运营。江苏无锡是中国乡镇企业的发源地之一，当年名噪一时的"苏南模式"就出现在那里。位于无锡的"春雷造船厂"是中国第一家集体性质的乡镇企业（社队企业）。如今，"春雷造船厂"早已不再经营，它的原址上建起了"中国乡镇企业博物馆"，并于2010年7月28日正式开馆。

家庭联产承包责任制、农村村民委员会、乡镇企业是中国农民的三个伟大创造。它们不仅使中国经济体制的改革首先在农村取得突破，而且在传统的计划经济体制之外建立起一个新的市场。同时，这三大创造为中国经济体制的整体转型——从计划转向市场——创造了条件，也为中国经济持续高速的发展——这有赖于大批劳动力不断地从传统的农业转移到工业和服务业——创造了条件。中国农村改革与发展的巨大成功坚定了人们对中国共产党领导的改革的信心，并对其他领域的改革产生了示范效应。

知稼穑明人生

乡村建设的时代意义

对于乡村建设，人们并不陌生。从20世纪20年代初至中华人民共和国成立前，黄炎培、晏阳初、梁漱溟、卢作孚、陶行知等众多仁人志士掀起了一场轰轰烈烈的"乡村建设运动"，并涌现出了"定县实验""邹平实验""北碚实验"等一系列卓有成效的"乡村建设实验"。当时，他们希望通过乡村建设运动，将处于水深火热中的中国乡村拯救出来。但是，由于各种主客观因素的影响，他们的努力终付诸东流。

中华人民共和国成立后，历经农业社会主义改造、实行家庭联产承包责任制及社会主义新农村建设等，中国的乡村发展取得了长足进步。同时，它也遇到了一系列现实挑战。例如，农村人口老龄化状况日益严重，农村青壮年劳动力快速流失，乡村传统文化渐趋式微，乡村人居环境亟待改善，农民的生活质量和水平仍需提升等。为此，2013年12月，习近平总书记在中央农村工作会议上的重要讲话中强调："中国要强，农业必须强；中国要美，农村必须美；中国要富，农民必须富。"2017年10月，党的十九大报告提出"实施乡村振兴战略"，强调"农业农村农民问题是关系国计民生的根本性问题，必须始终把解决好'三农'问题作为全党工作重中之重"，从而开启了中国的乡村振兴之路。

根据农业农村部、国家发展和改革委员会等27个成员单位共同编写的《乡村振兴战略规划实施报告（2018—2019年）》显示，乡村振兴战略实施两年以来成效显著，如乡村振兴新格局加快构建、现代农业根基进一步巩固、农业发展方式加快转变、乡村富民产业蓬勃发展、宜居乡村建设步伐加快、乡村文化繁荣发展、农村社会保持和谐稳定等。但是，目前我们仍面临着提高农业质量效益和竞争力、深化农村改革、巩固拓展脱贫攻坚成果同乡村振兴有效衔接等重任，需要继续"抓重点、补短板、强弱项、固根基"。由此，党的十九届五中全会进一步做出了实施乡村建设行动的决策部署。

可见，面向中国特色社会主义新时代和全面建设社会主义现代化国家新征程，党中央提出要"实施乡村建设行动"，既不是对以往特别是近现代历史上"乡村建设运动"的简单复制，也不是对社会主义新农村建设或美丽乡村建设的照搬照抄，而是围绕乡村振兴战略的总要求，基于构建新型城乡关系、促进城乡协调发展、加快农业农村现代化进程的现实必然，是巩固拓展脱贫攻坚成果同乡村振兴有效衔接的重大举措。新时代实施乡村建设行动，就是在党的领导下，统筹协调、积极动员社会各界力量，既要强化乡村的硬件建设，夯实乡村基础设施，注重人与自然的和谐，弥补乡村短板，让美丽乡村由蓝图变为现实；也要加大乡村的软件建设，提升乡村基本公共服务水平，注重人与人的和谐，不断增强乡村治理能力，切实提升广大农民的获得感、幸福感、安全感。

◎ 耕读学思

我国当前社会发展的趋势主要是农业发展水平与社会经济的要求不符，不能够有效适应大众消费者的消费观念变化，当前农村生产的农产品出现了结构性和阶段性的过剩现象，并且由于劳动力的大量流失及对科技的利用程度太低导致农产品的质量差，我国对无公害农产品的关注程度不够，没有较为专业的检测技术，并且农业肥料、饲料等的采购价和生产成本越来越高。我国农村中低阶层收入农民进行日常消费的最主要影响因素就是农产品的售价和成本。

就我国当前的形势来看，在大部分农村地区，各种基础设施还存在严重的缺失，例如，在一些农村，道路建设力度不足，道路不通畅，不能实现良好的内外互通，给当地的产业造成了严重的影响，出现了外人进不去、内部人员出不来的尴尬情况，给农村的经济建设带来了严重的影响，由于交通不便利，许多农村产品不能及时运出，同时，各种重要的材料不能及时运入。还有一些农村地区的水利建设存在问题，水利项目的缺失不仅会影响当地的农业灌溉，还容易增加山洪带来的危害。所以，国家要将农村建设的重点放在各种基础设施的完善上，为农村经济的发展打下一个良好的基础。

实行乡村振兴战略，要坚持党管农村工作，坚持农业农村优先发展，坚持农民主体地位，坚持乡村全面振兴，坚持人与自然和谐共生，坚持因地制宜、循序渐进。实施乡村振兴战略，是解决新时代我国社会主要矛盾、实现"两个一百年"奋斗目标和中华民族伟大复兴中国梦的必然要求，具有重大现实意义和深远历史意义。

思考：当前农村经济发展建设主要面临哪些问题？如何通过乡村振兴战略推动农村经济建设？

项目九 育满农村：农村科学教育

项目导航

农村科学教育的发展对乡村振兴战略的深入实施至关重要。农村科学教育是需要结合农村当地的特点，面向农村人口，服务于农村发展的教育。农村科学教育最终要在乡村振兴大背景下解决人民所关心的"三农"问题。

知识结构

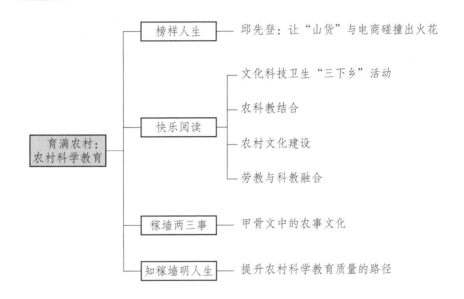

育满农村：农村科学教育
- 榜样人生 —— 邱先登：让"山货"与电商碰撞出火花
- 快乐阅读
  - 文化科技卫生"三下乡"活动
  - 农科教结合
  - 农村文化建设
  - 劳教与科教融合
- 稼墙两三事 —— 甲骨文中的农事文化
- 知稼墙明人生 —— 提升农村科学教育质量的路径

学习目标

【知识目标】
1. 了解发展农村科学教育的历史必然性。
2. 掌握发展我国农村科学教育事业的主要措施。

【能力目标】
1. 能够掌握多维度丰富农村科学教育的方法。
2. 能够掌握建设农村科学教育的历史意义。

【素养目标】

能够认识到在当前存在城乡差距的前提下，扶持农村科学教育，培养农村可持续发展后备军，能够提高农村群众的素质，促进农村经济的良性发展，使受教育者的各方面能力得到提升，进而不断缩小城乡差距、实现城乡融合发展。

● 榜样人生 ●

邱先登：让"山货"与电商碰撞出火花

"往年种的洋芋只能当粮当菜吃，现在，登娃子用啥子网把洋芋卖出了大山，价钱还好得很！"巫山县骡坪镇义和村贫困户宋明山乐呵呵地说。宋明山口中的"登娃子"叫邱先登，一直致力于将当地的农产品通过电商平台卖到全国各地。巫山高山洋芋、纽荷尔、W默科特、脆李等当地特色农产品，都在他的店里一一变成了热销品。"农民丰收的农产品卖出去了，而且卖了个好价钱，变成实实在在的效益，这才是真正的'丰收'。"邱先登说。

邱先登是巫山县骡坪镇义和村人，早年在深圳打工。2016年，他转行农村电商，开设微店"印象巫山"，老家义和村的洋芋成了他的首选商品。第一年，试水结果并不理想，他只卖出了四五吨，乡亲们的洋芋依旧好多都烂掉扔了。第二年，他和当地5名农村电商从业者一起搞了个"爱心助农"活动，不赚钱帮助农民销售洋芋。当年，巫山洋芋便在互联网上打出了名头，有了很多回头客。过去卖不出去的巫山洋芋突然变成了热销品，大家都争着种植。到了今年，仅他的"印象巫山"便销售巫山洋芋150吨左右。

后来，邱先登又根据季节，销售巫山脆李、纽荷尔等当地特色水果。柑橘是巫山的特产，今年喜获丰收，可受疫情影响，柑橘销售出了问题。春节一过，当地便组织电商帮助农民卖柑橘。2月25日，邱先登来到柑橘滞销的巫峡镇梨早村，"树上还挂满了果子，果农见有车进村，眼里满是期盼。"邱先登咬咬牙，当时就以往年一样的价格下了100吨柑橘的订单——这个数目，几乎是他过去一个柑橘销售季的总量。

这次销售柑橘的成功经历，让邱先登又多了一份作为农村电商从业者的社会责任感。如何才能帮助农民销售更多的农产品呢？

对于农村电商来说，供应链环节是核心，只有做好源头的品质把控、专业的包装、快速的发货及选择专业的物流，才能让农产品顺利通过电商平台卖出去。"我们投资200多万元，购买了专业的分拣设备、建物流仓库……这个专业的巫山'土货'供应链平台就可正式投用。"邱先登说，要完善产业链让那些优质的"土货"真正成为符合市场要求的商品，让农民年年都收获丰收的喜悦。

快乐阅读

一、文化科技卫生"三下乡"活动

1. "三下乡"活动启动的背景

1997 年 5 月，中共中央宣传部、中央文明办、国家教委、共青团中央、全国学联联合发布的《关于开展大中专学生志愿者暑期文化科技卫生"三下乡"活动的通知》，正式拉开了持续二十多年的大学生"三下乡"活动序幕。2017 年 4 月，由中共中央、国务院印发的《中长期青年发展规划（2016—2025 年）》则明确指出要"广泛开展大中专学生'三下乡'等社会实践活动"。2018 年 1 月，中共中央、国务院在《关于实施乡村振兴战略的意见》中"鼓励社会各界投身乡村建设"。大学生"三下乡"社会实践与乡村振兴正式相遇，大学生作为乡村振兴中的一支值得重视的青年力量也得到各级政府和社会各界的广泛关注。从 2018 年开始，中共中央宣传部、教育部、团中央等部门每年发布的大学生"三下乡"通知中都有关于大学生"三下乡"助力乡村振兴的活动内容。在这些通知中，大学生"三下乡"助力乡村振兴主要依托项目推进。

2. "三下乡"活动的特点

（1）社会性。"三下乡"为大学生提供社会实践平台，帮助大学生提前接触社会，对自我产生正确认知，促进综合素养的提升。通过开展"三下乡"活动，大学生走出校门深入基层农村地区，以开放心态迎接社会，与社会人员接触，了解社会群众生活生产方式，加深大学生对社会的理解、感悟。

（2）学习性。在"三下乡"社会实践活动中，大学生将校内所学知识运用于实践工作中，通过实践检验知识掌握情况，明确学习的不足之处。"三下乡"社会实践活动，不仅可以让大学生看到学业欠缺的地方，进一步完善知识体系，提升学习主动性，而且可以开拓知识范围，将理论知识在现实中体现，优化知识结构，激发学习兴趣，提高学习积极性，培养对专业课程情感，从而更加努力学习，将自己的能力在生活中运用自如。

（3）实践性。实践是大学生在校学习理论知识，以及校外运用相关知识的重要途径。通过开展大学生"三下乡"社会实践活动，能够运用所学知识为农民生产生活提供一定指导，解决村民实质性问题，体现知识的实用性。同时，在"三下乡"社会实践活动中，大学生需要面临一系列难题，能够使大学生正确看待实践中的困难，将课堂所学知识用于解决实际问题，突出学习的应用性和灵活性，培养学生独立解决问题的能力。

3. "三下乡"活动的影响和效果

（1）带动农村经济发展。在新农村建设中，将传统农业转变为现代农业、将传统村落转变为现代农村文明社区、将传统农民转变为具有技术文化的新农民，这是最基本的任务。新农村建设从根本上改变了以往农村生产经营管理模式，使其向现代化生态、环保农业经济发展。大学生"三下乡"活动能够利用多种途径和形式，根据当地农村地区农业发展需求，为农民提供现代农业生产技术培训，转变农民的农业经济观念，提升农业生产技术，为农村经济发展提供支持。在大学生"三下乡"活动中，大学生深入农村进行调研，走村串户、深入田间地头与农民敞开心扉的沟通，熟悉农民日常生活情况，了解风土人情，举办各种活动，为农村经济发展而服务。同时，向农民宣传党和国家关于农村经济的各项方针、政策，帮助农民了解农村基本政策、方针，调动农民促进农村发展的积极性。

此外，大学生协作当地干部群众开展工作，根据当地特色和条件，选择符合当地经济结构的农村发展项目，促进传统农业向产业化发展，形成特色农产品，提高市场竞争力，帮助农民解决技术、物流、销售等问题。充分利用农村劳动力资源，从多途径增加农民经济收入，带动农村经济发展。

（2）促进农村地区思想脱贫。落后的思想、理念是导致农村地区发展缓慢的重要制约因素。农村地区农民受教育程度普遍较低，部分人发展农产业、脱贫致富的积极性不足，同时等待国家政策照顾、依赖政府的思想较重，总是认为国家和社会应该帮扶自己。在大学生"三下乡"活动中，大学生和农民共同吃住，讲述脱贫致富后生活质量的改变，逐渐消除懒惰思想，提升他们脱贫致富的信心，坚定改变生活的决心。

大学生"三下乡"活动深入农村地区，能够起到一定的榜样效应，激发农村地区青少年的崇拜心理。由于农村地区青少年与外界城市生活接触较少，对于未来生活缺乏期望。当大学生"三下乡"活动进入农村后，大学生所具有知性、热情、博学形象会一定程度引起青少年崇拜，渴望与大学生一样拥有知识和前途，从而激发奋斗的信心。

（3）加强农村脱贫致富文化基础。贫困农村地区因为地域、文化、经济等因素的制约，发展相对落后。科学技术是推动经济发展的重要基础，也是最重要的生产力，科技推广对带动农村经济发展意义重大。推广先进科学技术，能够为农民处理农业生产过程中的各种难题，开拓农民脱贫致富思路，逐渐形成一条具有当地特色、符合经济发展需求的新道路。在大学生"三下乡"活动中，大学生在农村建设时充分运用自己所学知识，为农民生活提供建议，为农村经济发展出谋划策，帮助农民提高个人素质，加快向新型农民的转变，带动农村社会进步。

例如，大学生"三下乡"活动可以帮助农村发展当地特色农产业，海南省成栋村是一个集汉、苗、黎三族融合的村落，各种民族文化交融形成了苗族刺绣、黎族制胶、黎族民谣、自酿酒等传统民族特色。大学生为特色农产业发展进行规划，推动产业发展，依托当地独特自然人文资源，大力发展农村产业，为当地脱贫致富提供思路，进一步发扬壮大脱贫攻坚结果。

（4）推动农村地区卫生健康发展。贫困农村地区的农民由于经济水平较低，常常出现因病返贫、因病致贫的现象，极大程度影响农村地区经济发展。在一些边境贫困地区，部分农民误认为毒品可以治病，导致毒品上瘾后无法自拔。大学生"三下乡"活动能够向农民宣传预防艾滋病、禁止毒品等相关知识，为农民普及艾滋病、毒品的预防手段，使农民对自身健康产生重视，远离毒品危害。贫困农村地区农民普遍缺乏环保意识，存在焚烧秸秆、丢弃废置物品等现象，引起空气中气体污染，不仅影响身心健康，还导致资源浪费。通过大学生"三下乡"活动的开展，向农民讲解环境保护的重要性，指导如何正确开发资源，保护环境，进行卫生宣传工作，帮助农民养成健康、卫生的生活方式，改善农村环境。

课堂故事

著名农学家、首批中国科学院学部委员陈凤桐是新中国农业科技事业的主要开拓者和领导者之一，是中国农业科学院的主要奠基人之一，是为开创和发展我国农业科学技术事业做出重要贡献的科学家。

陈凤桐的一生，是厚植三农情怀、为人民服务而不懈奋斗的一生。他曾经写道："农民是当地农业的专家，他们对当地自然知识、生产知识有着丰富的经验，我们必须虚心总结他们的经验，才能提高我们。"

担任华北农科所所长期间，他多次强调农业科研要服务生产，大规模组织农村科学工作队，多次带领专家下乡，有力转变了旧中国象牙塔式的作风、学风。在江西期间，他常年在赣南蹲点，建立一批农村基点，解决农民生产中遇到的实际问题。

陈凤桐的一生，是不畏艰难险阻、为追求科学而勇攀学术高峰的一生。在延安期间，他在《解放日报》上发表一系列文章，对秋收、秋耕、防旱、造林、农场建设、农业推广等工作进行总结和指导，为延安大生产运动、陕甘宁边区的农业经济建设提供了重要支撑。

在晚年时期，他本着"有一分热发一分光"的革命精神，主动地研究新问题，积极提出建设性意见。即使在病重期间，他考虑更多的却是中国式农业现代化的设想，直到他生命的最后一刻。

二、农科教结合

1. 农科教结合的概念

农科教结合是指在农业发展和农村经济建设中，以振兴农业为中心，以促进农村经济发展为目的，以推动先进的科学技术为动力，以开展教育培训、提高农民文化技术素质为手段，把经济发展、科技推广、人才培训紧密结合起来。通过政府统筹安排，将农业、科技、教育等部门的人力、物力、财力进行综合利用，形成科教兴农的强大合力，取得最佳的整体效益。

农科教结合作为科教兴农的具体形式，其实质是使农业发展和农村经济建设转移到依靠科技进步和提高劳动者素质的轨道上来。

我国农科教结合最初起源于1983年的"党政群齐抓共管，政科教多位一体"。1989年农业部、国家教委、国家科委等单位成立了全国农科教统筹与协调指导小组，

1992 年，国务院下发了《关于积极实行农科教结合，推动农村经济发展的通知》，对推进农科教结合提出了明确的意见和要求。自此，农科教结合逐步走上了有领导、有步骤的发展轨道，最终成为国家科教兴农的战略性措施。2007 年的"中央 1 号文件"又再次提出："推进农科教结合，发挥农业院校在农业技术推广中的积极作用。"

2. 农科教结合的意义

（1）实行农科教结合，有利于推动社会主义新农村建设。实行农科教结合，其主要任务是把适用的科学技术和有效的教育推广措施结合起来，有计划地在广大农村逐步推广，促进农村经济走上依靠科技进步和提高劳动者素质的轨道，推动农业向高产、优质、高效的方向发展，提高农村生产力水平。农业是"田"，科技是"水"，教育是"渠"，农科教结合就是使科技之"水"，通过教育之"渠"，流入农业之"田"，从而促进农村经济社会又好又快地发展。

（2）实行农科教结合，有利于充分发挥农业、科技和教育的整体效益。实行农科教结合，可以把隶属不同部门管理的农业、科技和教育事业有机结合起来，从而更加注重农、科、教三者整体效益的发挥，更好地为农村经济社会的全面发展服务。

（3）实施农科教结合，有利于加快培养新型农民，提高农村劳动者素质。农村教育除基础文化教育外，还应让农民掌握 1 ～ 2 门实用技术，能求职或能发家致富，实实在在地得到实惠，切实增加农民收入。

素养提升

探索教育阻断贫困发生和推进乡村振兴的路径，在农村发展的过程中不断提供智力支持，是实行乡村振兴的重要战略。在全面建成小康社会的基础上，用教育赋能农村发展对于提升农村整体素质、巩固脱贫成果，特别是实现城乡协同发展具有重要作用。只有让教育成为农村持续发展的动力，才能让农村和农民获得持久的发展潜力，更好地提升农村居民在未来的发展前景。

三、农村文化建设

1. 文化建设工程

（1）目的。农村文化建设的目标任务是按照建设社会主义新农村的要求，经过 5 年的努力，基本形成适应社会主义市场经济体制、符合社会主义精神文明建设规律的农村文化建设新格局。县、乡、村文化基础设施相对完备，公共文化服务切实加强。农村文化工作体制机制逐步理顺，现有文化资源得到有效利用。文化队伍不断壮大，农民自办文化更加活跃。文化产业的较快发展使农民看书难，看戏难，看电影难，收听、收看广播电视难的问题基本得到了解决。农村文明程度和农民整体素质有所提高，文化在促进农村生产发展、生活宽裕、乡风文明、村容整洁、管理民主等方面发挥重要的作用。

（2）指导思想。农村文化建设要坚持以邓小平理论和"三个代表"重要思想为指导，树立和落实科学发展观，全面贯彻党的十六大和十六届三中、四中、五中全会精神，始终把握社会主义先进文化的前进方向，努力满足广大农民群众多层次多方面精神文化需求。要坚持"多予少取放活"，加大政府投入，调整资源配置，深化体制改革，加强文化基础设施建设，构建公共文化服务体系，实现和保障农民群众的基本文化权益。发挥市场机制作用，加强政策调控，积极发展文化产业，充分调动社会各方面力量参与农村文化建设，提供更多更好的文化产品和服务。大力发展先进文化，支持健康有益文化，改造落后文化，抵制腐朽文化，倡导科学、文明，克服愚昧、落后，促进农村物质文明、政治文明、精神文明协调发展。

（3）具体路径。

①大力推进广播电视进村入户。以提高中央台和省台广播电视节目入户率为重点，采取多种技术手段，加大实施广播电视村村通工程的力度。重视完善和发挥现有无线转播台站的作用，利用无线、有线和卫星等多种技术手段，力争使农民群众收听、收看套数更多、质量更好的广播电视节目。完善农村广播电视公共服务覆盖体系，做好农村接收广播电视的服务工作，积极探索适合当地实际的运行服务机制，确保村村通长期有效运行。

②开展农村数字化文化信息服务。加快全国文化信息资源共享工程建设。积极发展文化信息资源共享工程农村基层服务点，重点支持边远贫穷地区乡镇、村基层服务点的建设。文化信息资源共享工程要与农村文化设施建设统筹规划，综合利用，使县文化馆、图书馆和乡综合文化站、村文化活动室逐步具备提供数字化文化信息服务的能力。要依托农村党员干部现代远程教育和农村中小学现代远程教育网络，以共建方式发展基层服务点。

③推动服务"三农"的出版物出版发行。实施服务"三农"重点出版物出版工程，出版单位选题规划要向农村倾斜，重点支持和培育一批服务"三农"为主的出版单位，增加农民群众买得起、读得懂、用得上的通俗读物的品种和数量。发展农民书社等农民自助读书组织，为农民群众读书提供方便。继续实施送书下乡工程，以政府采购形式，每年集中招标采购一批适用于农村的图书，直接配送到国家扶贫开发工作重点县的乡村文化站（室），方便农民群众阅读。改进报刊订阅发行工作，缩短发送时间，使农民群众及时看到报刊。

④加强乡村文化设施建设。坚持以政府为主导，以乡镇为依托，以村为重点，以农户为对象，发展县、乡镇、村文化设施和文化活动场所，构建农村公共文化服务网络。县文化馆要具备综合性功能，图书馆要加强数字化建设。乡镇可结合乡镇机构改革和站（所）整合，组建集图书阅读、广播影视、宣传教育、文艺演出、科技推广、科普培训、体育和青少年校外活动等于一体的综合性文化站，配备专职人员管理。在学校布点整顿中腾出的闲置校舍，可改造为村文化活动基地。充分发挥农村中小学在开展农村文化活动方面的作用，提倡中小学图书室、电子阅览室定时就近向农民群众开放，把中小学校建成宣传、文化、信息中心。对西部及其他老少边穷等地广人稀

适宜开展流动服务的地区，由政府给乡文化站配备多功能流动文化车，开展灵活、多样、方便的文化服务。

⑤开展多种形式的群众文化活动。农村文化活动要贴近群众生产生活实际，坚持业余自愿、形式多样、健康有益、便捷长效的原则，丰富和活跃农民群众精神文化生活。充分利用农闲、节日和集市，组织花会、灯会、赛歌会、文艺演出、劳动技能比赛等活动。紧密结合农民脱贫致富的需求，倡导他们读书用书、学文化、学技能，普及先进实用的农业科技知识和卫生保健常识。以创建文明村镇、文明户等为载体，积极引导广大农民群众崇尚科学，破除迷信，移风易俗，抵制腐朽文化，提高思想道德水平和科学文化素质，形成文明健康的生活方式和社会风尚。根据时代的特点和农民群众精神文化需求的变化，不断充实活动内涵，创新活动形式。

2. 农村反伪科学、反邪教工作

邪教反人类、反科学、反社会、反政府的本质，对人类和社会造成了极其严重的危害，在我国严重威胁农村社会的发展和稳定。随着农村经济社会的发展，防范和打击邪教的任务还相当艰巨，必须从完善法律、加强宣传、综合治理、文化建设等诸多环节加以综合治理。

（1）推进反邪教工作的法治化进程。法治是中国进入现代社会的必然要求，也是反邪教的最好武器，依法处理邪教问题是国际通行做法。因此，我们必须通过依法打击邪教的明确化、清晰化，让整个社会更加认清邪教的本质、本性，将犯罪与信教严格区分，把打击邪教与允许正常宗教活动严格区分，依法对各种违法犯罪的打击越明确、越清晰、越有力，普通人对现实生活的信念就更加坚固。如果打击邪教违法犯罪需要全社会的努力，需要从我们每个人做起，那么法治力量的彰显就是巩固共识、凝聚力量的前提和基础。

当然，法治以法制为前提。法国在2001年颁布了世界上第一部反邪教法《阿布－比尔卡法》。日本、俄罗斯等国家也非常注重反邪教立法工作，如日本的《宗教人法》《关于限制滥杀无辜团体的法案》和俄罗斯的《良心自由和宗教协会联邦法》等，都有限制邪教及针对邪教组织的内容。在我国，反邪教工作尽管已有了比较系统的工作方式和成熟经验，但反邪教立法还未取得根本突破，现有的司法解释及对原有法律规定的修改等位阶较低，且操作性、规范性所受牵制较多，不利于打击邪教犯罪的执法和司法。在此背景下，借鉴国外反邪教立法的经验及其运作模式，尽快制定出台具有我国特点的相关系统性法律，为推进反邪教工作的法治化进程提供保障已然非常重要。

（2）加强和谐文化建设，正确引导农民群众。政府要积极引导群众参与农村和谐文化建设，对农村文化活动加强指导和扶持，结合新农村建设规划，配套必要的文化设施和设备，采取各种措施，鼓励文化干部到农村辅导农民办文化。

大力加强和谐文化建设，通过"文化下乡"系列活动，活跃农民群众的业余文化生活。加大对村民自办文化的监督、引导，开展健康向上的文化活动。要充分发挥舆论宣传揭批的导向作用，坚持经常宣传和重点集中宣传相结合，保持强大的舆论高压态势，为深入开展反邪教斗争营造良好的社会舆论氛围。

改变少数人工作、少数人知情、多数群众对反邪教工作重要性认识不足等问题。利用文艺汇演、反邪教漫画、宣传手册等群众喜闻乐见的形式开展反邪教教育，把对邪教的宣传揭批触角延伸到基层村庄的各个角落，使群众真正认识到邪教的本质和危害，引导他们自觉抵制和反对邪教。

（3）加强和创新社区组织建设。推进社区治理现代化，重在夯实基层基础，乡村和街道社区基层组织必须加强守土有责的阵地意识，不断加强自身建设，主动服务基层群众，发挥凝聚引领作用，引导和整合基层社会健康有序发展。要牢固树立宗旨意识，切实提高做好群众工作的本领，将党和政府严防、严惩邪教势力的强硬态势与牢固树立执政为民的理念结合起来，将解决邪教及其受害者的思想问题与解决实际问题结合起来，把"为民、务实、清廉"的要求贯穿社会矛盾化解工作的始终。要坚持以阵地建设为依托，夯实组织基础，增强凝聚能力，要发挥好基层党组织和党员在社会组织培育发展中的引领作用，把自身的组织体系优势及党员力量融入基层社会运行的全过程，有效汇集和回应民生、民情、民意，及时掌控邪教势力传播渗透的第一手信息，把治理邪教传播渗透的理念融入社会组织的常规运行中，促进社会组织自觉弘扬社会主义核心价值理念。

要建立健全以人民调解防护网为基础的矛盾纠纷化解工作机制，强化社区矫正教育、监管、服务、疏导作用，着力增强反邪教宣传教育和法制教育的实效，筑牢维护基层社会稳定"第一道防线"。

（4）要认真做好教育转化和巩固工作。教育转化邪教一般成员，使他们脱离邪教的精神控制，回归正常人的生活，是防范和处理邪教问题的治本之策。防范和处理邪教问题工作需要一手抓教育转化，一手抓依法打击处理。教育转化农村绝大多数一般参与人员，依法打击极少数骨干分子。对少数顽固分子要依法严打，对重点人员专门成立帮教小组重点进行帮教，对绝大多数的农民参与者，采取多种形式进行宣传教育，通过亲情感化、释疑解惑、党员示范等方法搞好后续帮教，主动引导他们参与正常的文化生活中，防止他们产生逆反心理和抵触情绪。

3. 加快发展农村学前教育和远程教育

（1）学前教育。学前教育管理体制是关于统筹对学前教育事业发展的领导、组织、整体协调和管理的基本体系与制度，其实质是明确管理者的权责范围及其之间的相互关系。科学健全的学前教育管理体制，可以充分保证各级政府及职能部门切实履行相关职责，对学前教育的机构设置、职责范围、隶属关系、权力划分和机制运行等提供有力保障与指明方向，促使学前教育事业积极推进、改革创新与持续健康的发展。然而，由于我国农村教育发展起点低、受教育人口众多、区域发展不平衡，广大乡村地区经济基础薄弱、短板明显、瓶颈突出，在多重因素综合影响下，农村学前教育普及率不高、资源不足、质量低下，成为不争的事实。与此同时，我国农村学前教育发展过程中，长期存在着政府职责定位不明、权责配置不合理、管理机构与人员配置欠缺等问题，成为制约农村学前教育事业积极健康发展的体制机制性障碍。虽然党和国家对群众普遍反映的学前教育发展中的突出问题给予高度重视，出台了一系列文件，对农村学前教育的发展进行了顶层制度设计和安排部署，并且明确了发展目标、任务，提出了具体落实的办法和措施，但各级政府在学前教育管理体制方面的问题一直没有得到很好的解决，在现实中面临着一系列困境。

我们应当看到，现行的我国学前教育管理体制是在新时期改革开放与社会转型的大背景下进行探索和不断发展的，经历了由计划经济体制下的"集中统一领导"到后来的"地方负责制"转变，在改革与发展中确实取得了一定的成效。但是，由于经济体制改革的进一步深化与市场化管理机制的不断推进，以及政府经济职能与政治职能的分离，各级政府在引导、支持和管理学前教育方面出现了职能弱化的现象，对学前教育的公益性被忽视或认识上的不足，导致了学前教育管理体制改革的滞后及发展中的一系列问题。尤其在我国农村的广大地区，学前教育事业发展面临的不平衡、不充分矛盾问题更为突出，呈现较为复杂的局面。基于我们的研究与思考，在新的历史条件下，对农村学前教育的发展亟待准确定位，尽快提出行之有效的目标和发展方向，以实现农村学前教育的"跨越式"发展和健康运行，是农村学前教育管理体制改革的重要目标指向。

（2）远程教育。我国要加快发展现代农业，需要培养数以亿计涵盖农业产前、产中、产后等各个环节的高素质农民。但长期以来我国农村教育由于资源短缺、地域广阔、居住分散，因此，充分利用远程教学的优势，能有效解决农民生产和学习的矛盾，也符合中国农村的环境特征和农民的学习诉求。

我国农村远程教育的模式也已经探索和实践了很多年，中央农广校等部门从最早通过广播、电视等方式开展农村远程教育，充分运用技术手段，依托全国各级农广校的组织优势，加快探索适合不同地区、不同经济发展水平的农民远程培育体系，为现代农业的持续发展提供了强劲动力。目前，我国的农村远程教育已发展至综合性远程教育的数字化、互动化、伴随化、智能化时期。数字化不仅是授课方式的数字化，更重要的是课程内容的数字化。课程是产品，农民是消费者，而满足消费者需求的产品才是好产品。短视频和直播的流行在一定程度上反映了消费者喜好的改变，这是将来远程教育的导向，也是教育数字化的导向。未来，数字化教师、网络课堂、云教育等虚拟化课堂、定制化课程、扁平化的交互式教育平台必将成为农民学习的新途径。

基于远程教育具有全天候、效率高、成本低、灵活性等特点，因此，远程教育是农民教育培训的重要发展方向之一。尤其是疫情发生以来，农村远程教育发挥了重要的作用，但仍需要管理部门和执行部门持续加大投入，构建基于大数据的线上线下相融合的信息化远程教育平台。农村远程教育不应该只是成为农村线下教育的辅助性补充，也不可能完全取代线下的教育培训，它真正的目标应该是促进线上线下农民教育模式的有机整合。线上教育不仅可以降低农民教育培训的成本，更能促进教育质量和效率的提升，促进农民传统教育培训模式的自我变革。

在信息时代，"互联网＋"模式已经普及，"互联网＋农民教育培训"也已探索多年。线上和线下只是农民教育培训的不同形式和渠道，教育的核心价值仍然在于为农民提供他们所需的核心课程。农民教育培训从本质上而言是针对知识、技能和态度的服务，通过对农民的教育培训，让他们的知识、技能和态度向预期目标转变。在线上课程的不断开发过程中，提升课程的实用价值和延伸价值，推进农民教育培训线上和线下真正的融合发展，是将来我国农民教育培训领域的方向。

四、劳教与科教融合

农村学生由于地域、物质条件、社会、家庭文化等因素，普遍存在着知识面狭窄，科学意识、思维、动手能力相对薄弱的问题，所以，要结合本地区的特点和学校自身的优势，从小激发学生对科学的兴趣，树立科学意识，培养科学精神和方法；训练科学思维，培养学生勇于实践、不断创新的品格；切实提高教学质量，从而全面实施素质教育，实现提高学生整体素质的办学指导思想。

1. 以科学课、劳技课启蒙科学教育

"百尺高台，起于垒土。"天才人物也是从婴儿成长起来的，渊博的知识来自长期学习中的不断积累，未来的伟业开始于良好的基础教育和科学教育。科学课教材采用融丰富的自然事物和知识为一体等图文并茂、学生喜爱的形式，激发青少年从小进行科学启蒙教育的兴趣，启发科学思维和想象力，发展智力，引导青少年"卷入"科学奥秘的发现过程，启发他们像科学家那样去探索和研究大自然的奥秘。对学生从小进行科学启蒙教育，培养他们爱科学、学科学、用科学的志趣和能力，将对他们未来的成长产生深远的影响，如科学课教材主要包括动物、植物、人体、水、空气、力、机械、声、光、热、电、磁、地球、宇宙等方面的知识内容，通过这些内容的学习和掌握，使学生丰富了科学教育，为日后接触新事物、接受新知识打下良好的基础。

2. 以科学试验活动深化科学教育

科学试验是科技工作者取得科学依据的重要手段，也是青少年深化科技知识、培养严谨科学态度的重要手段。青少年对自然界的一切事物都怀有新鲜感和好奇心，根据这一心理特点，在学生原有认识水平的基础上，对一些学生常见的、感兴趣的自然现象进行试验操作，将劳动教育与科学教育紧密结合在一起，生动地展示科学意境，揭示科学知识奥秘，诱导学生进入一个认识自然、探索科学原理的境地，同时，也可以培养学生严谨的科学态度。

科学试验很多，如种大蒜、浮与沉、磁铁游戏、轮子省力、制作指南针、茎的扦插、叶的蒸腾等。科学试验过程要求学生要一丝不苟地忠实观察、记录各项试验的过程和变化及其数据，这样才能得出符合客观实际的试验结果，科学秘密才能被发现。激发学生学科学、用科学的志趣，从而深化科学教育。

3. 以科技竞赛活动激发科学教育

科技竞赛活动是激发学校开展科学教育和学生参加科技活动的动力。科技竞赛活动的开展，可以使学校更加重视科学教育，也可以使学生在选定的科技活动项目上或在完成各项试验过程中能较深入地钻研有关知识。学生参赛的积极性越高，就会越深入学习，就越会感到学有所用，从而激发学生学习科学的兴趣。特别是小创造、小发明、小

论文的三小科技竞赛活动，可以说是多学科、全方位的科技竞赛活动，经常开展这样的"三小"竞赛活动，可以充分发挥学生的兴趣和特长。

4. 以科技基地建设充实科学教育

科技基地是开展科学教育活动的重要场所之一，是科学教育活动必不可少的重要组成部分，也是由于观察和试验是人类认识自然、改造自然的基本途径。科技基地建设的目的是创造条件，让学生亲自参加观察和试验活动，从而获得知识和锻炼的机会。农村与城镇学校受设施、器材等客观条件的制约，在教学中的某些观察、试验内容，在学校内很难完成，因此，要更好地开展科学教育，必须充分利用科技基地充实科学教育。当前，社会上各种可利用的科技基地很多，如科技馆、动物园、植物园、水族馆、航天馆等。学校可以利用这些场馆，加强直观科学教育活动，培养学生对科学知识的兴趣爱好和自行探究知识的需求。这样的基地可以让学生在教师的指导下开展多种实验观察活动，使学生在试验、观察、动手操作、记录等实践活动中，培养学生严谨的科学态度和获取知识的技能。

5. 以户外观察活动补充科学教育

有计划、有组织、有目的地利用科技夏令营、冬令营等一系列活动，开展知识性、趣味性的户外观察活动，是学校科学教育的重要补充，如一些动物对于农村学生来说是司空见惯的，成群的鸭，耕地的牛，田野中的蟋蟀、蝗虫，河水中的鱼、虾、螺等，都是学校活生生的科技教材。还有农村的自然环境是很好的植物园，田里生长的各种农作物，山上野生的各种树木、药材、花草等，也都为我们提供了充足的科学教育的观察材料。要因地制宜地、有目的地开展户外观察活动，使学生带着任务去直接观察自然事物，开阔眼界，积累材料，获取知识，达到科学教育的目的。

6. 以科技讲座、录像、展览拓展科学教育

通过科技讲座、科技录像、科技展览等拓展学生的科技视野，让他们了解自然、科学技术以及科学技术在现代经济建设中的巨大作用，从而激发学生的科技兴趣，培养科技意识。再如结合"大手拉小手"活动，邀请园艺专家到校给学生开展"花卉栽培技术"讲座；邀请水产专家到校给学生进行"养鱼技术知识"讲座。专家们深入浅出、生动有趣的讲座，很有感染力和启发作用，对提高学生的科技素质、丰富科技知识等都有较大的影响。

总之，农村学校开展科学教育，要坚持素质教育的方向，坚持科学理论的指导，坚持与农村实际的结合，努力培养学生的科学意识和创造力，提高学生的科学素质。

素养提升

在大力实施乡村振兴战略背景下，发展劳动教育可以为建设美丽宜人、业兴人和的社会主义新乡村，更好实施乡村振兴提供支持与服务。大力实施乡村振兴战略又可以促进劳动教育有效落地，双方之间良性互动，一定程度可实现融入式发展。

稼穑两三事

甲骨文中的农事文化

商代社会以农立国，有一系列"纪农协功"的传统礼俗，甲骨文揭示了不少这方面的奥秘。昔日郭沫若曾论及殷代农业"于礼有告刍、告麦、祈年、观籍之事"。胡厚宣指出殷代农业礼俗中有求雨、宁雨、年、受年、烝尝、告秋之祭。

从殷墟甲骨文包括同时期的青铜器铭文有关资料所知，殷商时期以商王为首的统治集团几乎介入了谷类粮食作物种植的全过程，有一系列农作之礼。此外，商王还适时举行各种性质的农业耕作仪式，除及时发布农作命令外，自己也是一系列农业生产礼俗场合中的重要角色，特别是商王亲自参与的春播活动，早在商代就已成为一种"籍田礼"，在甲骨文中也有所记载。

商代以农立国，在农业生产礼俗方面，很大一个特点就是统治者已能利用"礼俗以驭其民"，商王几乎介入农业生产全过程，或随时发布农作命令，或参与各种农业仪式，特别是亲耕籍田，因俗施政，被后世演成一项传统的"重农"国家礼典，历数千年而犹习。

甲骨文中反映的农业信仰方面的礼俗，大略有求年受年礼俗、出于农业灾祸观念的御灾礼俗等。甲骨文中揭示的农业灾祸观念，主要表现在对农谷丰收与否的心理担心上。甲骨文中揭示的农业灾祸观念，大致有两类：一类基于鬼神崇拜，以为鬼神作祟能害及农作物生长，影响年成好坏；另一类是因自然灾害影响谷物收成而产生的灾祸观念。因自然灾害而产生的灾祸观念，从本质上讲仍属于鬼神崇拜的宗教信仰范畴，此即所谓因与果的关系，鬼神作祟是起因，自然灾害是后果。

从甲骨文来看，在商代人们的日常社会生活中，主要粮食作物种类有禾、黍、粱、麦等九大类。传世文献中有所谓"五谷""六谷""九谷"之说，其品物大体已见诸甲骨文。

甲骨文中所见的农业礼俗，可以分为农业生产礼俗和农业信仰礼俗两个方面。就农业生产礼俗而言，一个重要的特点就是商王为首的统治者每每介身农作的全过程，重视天象和农业气象观测，按农业生产时季所规定，适时举行各类农作仪式，如相地之宜、协田、省黍、立黍、籍田等。特别是商王的亲耕籍田，劝农重农，亲为表率，因俗颁政，象征意义尤为明显，被后世王朝发扬成一种传统的"籍田礼"，习行不衰，成为历代统治者"重农"的国家礼典。

在农业信仰礼俗方面，大略来说有求年受年礼俗、御除农业灾殃礼俗、告秋与告麦礼俗、登尝礼俗等，均是本之宗教观念形态。求年受年礼俗是祈求神灵保佑农作物丰收。御除农业灾殃礼俗主要属于针对自然灾害而形成的消极御灾行事，由于风、雨、蝗等灾害对农作物危害最直接，故祭风、宁雨御涝、求雨御旱及宁息蝗灾的"宁蝁"等祭祀行事最为多见；其中尤以求雨行事惊动的社会面最大，有关祭礼最具特色，如饰龙神祈雨之祭、十分酷烈的焚巫尪求雨之祭、歌乐舞蹈求雨之祭等，有的后世犹

行。告秋祭祀行事一般行于郊外，是在谷物生长期间向神灵祈告谷物长势；告麦则专在麦收季节行诸朝中，以便商王择时安排收割的祭礼活动。登尝礼俗有岁末或春耕播种时季向祖先进献陈黍和秋收后荐献新谷两类祭祀行事，前者为求农作丰收之佑，后者当属谷物丰登报功之祭。

● 知稼穑明人生 ●

提升农村科学教育质量的路径

一、打造特色乡土文化，稳固农村科学教育的文化根基

随着乡村振兴战略和新农村建设的大力推行，"乡村教育"成为改造农村的出发点，提升农村科学教育质量成为新农村文化建设的核心。农村学校为新农村文化建设添砖加瓦而实施的文化救赎之路，不仅关乎新农村文化建设，也关乎农村学校教育质量的提升。

首先，在课程设置方面要继承乡村社会的优秀传统文化。农村学校在弘扬民俗文化的基础上，充分利用自身文化资源优势，将学校办学目标、教育对象的特点和自身地理区位发展优势进行统整，开发具有乡土民俗特色的校本课程。

其次，在学校建设方面凸显学校文化传播的效用。乡村学校作为传播先进文化知识、提升农民精神文化水平的重要教育服务场所，在传承乡村文化、助力乡村发展、实现农民由"传统"走向"现代"中发挥着举足轻重的作用。乡村学校首先应该着眼于转变学生所接受和承袭的保守型思维模式、落后的思想观念和消极的生活态度，并向乡村学子传播先进的科学文化知识，帮助其更新农业生产技术和其他谋生技能，以增强他们置身乡土的生存能力与文化自信。

此外，乡村学校还需引导学生正确地认知乡村社会的发展现状，了解农村社会的独特魅力，从而激发学生对乡村社会的理解和认同、对乡土文化的自豪及对家乡故土的敬畏和热爱，促使其担负起建设家乡、服务乡村振兴的重任。

最后，在学校功能方面发挥学校文化整合的功能。乡村学校应努力打破乡村社会壁垒，形成学校和社区的良性对话关系，并构建农村学校和农村社区的资源共享合作机制。农村学校要努力成为乡村文化生活中心，辐射并带动乡村社区、家庭的文化发展。乡村学校应该成为乡村文化的传播中心与"加工厂"，通过各种形式为村民传播各种文化信息，如可以利用自己的文化资源优势，联合家庭、社区共同开展各种文体活动，丰富乡村的文化生活，营造积极浓厚的乡村文化氛围。

二、"吸纳"和"附着"信息技术人才，助燃农村科学教育跨越式提质

依托国家乡村振兴发展战略，对农村学校的空间、组织方式和形态进行科学规划与

重新布局，通过信息技术建设为城乡教育资源流通创造物质基础和制度条件，提高农村学校"吸纳"和"附着"优质教育资源的能力。

第一，加强农村科学教育信息化的组织领导，完善区域教育体制机制建设。政府应加强对农村科学教育信息化的政策支持，并将其纳入教育教学体制改革的总体规划之中。农村学校应积极响应国家及政府的号召，依托乡村振兴的时代背景，结合农村地区实际情况制定学校信息化发展的长期规划。

第二，提高本土教师信息化素养，创新信息管理机制体制。信息化技能培训是提升教师信息化素质和信息化教学应用水平的重要途径，教师信息素养水平将直接影响学校教育教学质量。因此，要建立和完善教师信息技术专业培训制度，完善国家和省级培训的教师选派制度是提高农村科学教育质量的关键。充分利用信息技术和公共教育资源，开展城乡教师零距离互动的网上教研活动，全面精进乡村教师业务水平以提升农村整体教育质量。

此外，为解决农村科学教育信息化人才不足的弊端，应创新信息化人才管理机制。通过采取增加乡村教师的薪酬待遇、给予乡村教师生活补助、完善乡村教师的绩效考评和晋升制度等措施，使乡村教师成为令人羡慕的职业，助推农村科学教育质量跨越式提升。

耕读学思

中国是一个农业大国，农村人口居多，为了提高农村教育水平，实现农村义务教育的全覆盖，促进农村经济发展，中国乡村教育管理模式一直以县、乡、村分级管理，这种教育管理模式极大地满足了农村教育水平，也积极促进了农村义务教育，对农村教育管理起到了积极的作用。但是近年来，中国农村经济迅速发展，城镇化水平加速，对农村教育管理提出了新的挑战，农村教育管理面对新形势如何改革和创新教育管理，成为当下农村教育改革亟待解决的一个问题。

乡村教育作为当前中国教育体系中一种主要以教育活动实施场所所在地性质冠名的教育形式，其实质是与城市教育、城镇教育相对而言的。与之相类似或具有包含关系的，还有如山区教育、牧区教育等。乡村教育的实施地基本是在乡村（或者说是农村），乡村教育所面对的受教育群体，也基本都是农村人口。而除少量成人教育性质的教育形式外，目前乡村教育主要是为在乡村中生活的青少年提供教育服务，而其中又主要是学前教育和义务教育阶段的孩子。近些年，伴随着城市化进程的加快及区域、城乡间教育发展不均衡问题相对突出，大量的农村人口进入城市生活，大批来自农村的学龄人口涌入城市学校，既给城市学校带来了大班额等问题，也使得乡村学校生源大面积流失，乡村教育在不断撤并中正面临着严峻的生存困境。

思考：为什么要发展乡村教育？在城镇化背景下，可以通过哪些方式推进农村教育？

融入实践篇：

课堂外的耕读文明

04

任务一 认识农耕器具

●实践指引

你知道吗

农具，是指农业生产使用的工具，多指非机械化的工具。农具是农民在从事农业生产过程中用来改变劳动对象的器具。我国农业历史悠久，地域广阔，民族众多，农具多种多样。就各个地域、不同的环境、相应不同的农业生产而言，使用的农具又有各自的适用范围与局限性。历朝历代农具都不断得到创新、改造，为人类文明进步做出了贡献。

●实践目的

了解常见农具的基本特征和作用，初步了解种植工具的一些基本知识，学会简单种植工具的使用，从而懂得农具对于农业发展的重要性，引导学生热爱劳动，培养劳动技能，引导学生细心观察生活之美。

●实施前奏

农具分类

1. 耕地整地工具

耕地整地工具用于耕翻土地、破碎土垡、平整田地等作业，经历了从耒耜到畜力犁的发展过程。汉代，畜力犁成为最重要的耕作农具；魏晋时期，北方已经使用犁、耙、耱进行旱地配套耕作；宋代，南方形成犁、耙、耖的水田耕作体系。

水田耕地整地工具主要有耕、耙、耖等。晋代发明了耙，用于耕后破碎土块，耖用于打混泥浆。宋代出现了砺礋等用于打混泥浆的水田整地工具。

2. 灌溉工具

商代发明桔槔，周初使用辘轳，汉代创造并制作人力翻车，唐代出现筒车。筒车结构简单，以流水推动，至今我国南方丘陵河溪水力丰富的地方还在使用。

3. 收获工具

收获工具包括收割、脱粒、清选用具。收割用具包括收割禾穗的掐刀、收割茎秆的镰刀、短镰等；脱粒工具，南方以稻桶为主，北方以碌碡为主，春秋时出现的脱粒工具梿枷在我国南北方通用；清选工具以簸箕、木扬锨、风扇车为主，风扇车的使用领先西方近千年。

4. 加工工具

加工工具包括粮食加工工具和棉花加工工具两大类。粮食加工工具从远古的杵臼、石磨盘发展而来，汉代出现了杵臼的变化形式踏碓，石磨盘则改进为磨；南北朝时期出现了碾；元代棉花成为我国重要纺织原料，逐步发明了棉搅车、纺车、弹弓、棉织机等棉花加工工具。

5. 运输工具

担、筐、驮具、车是农村主要的运输工具。担、筐主要在山区或运输量较小时使用；车主要使用在平原、丘陵地区，运载量较大。

6. 播种工具

耧车是我国最早使用的播种工具。北魏时期出现了单行播种的手工下种工具瓠种器。水稻移栽工具——秧马，出现于北宋时期，它是拔稻秧时乘坐的专用工具，减轻了农民弯腰曲背的劳作强度。

7. 中耕除草工具

中耕工具用于除草、间苗、培土作业。其可分为旱地除草工具和水田除草工具两类。铁锄是最常用的旱地除草工具，春秋战国时期开始使用；耘耥是水田除草工具，宋、元时期开始使用。

● 实施步骤

1. 确定主题

农业是人类"母亲产业"，远在人类茹毛饮血的远古时代，农业就已经是人类抵御自然威胁和赖以生存的根本，农业养活并发展了人类，没有农业就没有人类的一切，更不会有人类的现代文明。社会生产的发展首先开始于农业，在农业发展的基础上才有工业的产生和发展，只有在农业和工业发展的基础上，才会有第三产业的发展。可见，农业是当之无愧的"母亲产业"。农业的地位和作用可以概括为"国民经济的基础"。从事农业生产，需要各种各样的农具。

2. 小组讨论交流

4人为一小组。以小组为单位进行交流：你知道哪些农具？它们的用途是什么？请写出其中的几种。

3. 认识传统农具

（1）板车。所谓板车（图1.1），就是一根轴上两边各有一个轮子，然后用几块木板组装而成的。这样的车子，因为有了轮子来助力，一个成年人能轻易拉起数百斤的重物。在北方地区，人们一般都使用马车、牛车，而在一些山区则较多使用独轮车。

（2）石磨。石磨（图1.2）由两块尺寸相同的磨盘构成，两层的接合处都有排列整齐的磨齿，使用时将粮食从磨盘上方小孔倒入，然后转动磨盘即可。石磨常用来把米、麦、豆等粮食加工成粉或浆。

图 1.1　板车

图 1.2　石磨

（3）簸箕。簸箕（图 1.3）是农村里家家户户都有的，它有圆形的大簸箕，也有方形的小簸箕。这也是一种简易的给稻谷除杂的工具，基本都是采用竹片编织而成的。

以前的碾米机除杂不好，里面会有很多的碎米，还有一些谷、小石头等。此时就会使用簸箕来给稻谷除杂，通过簸箕上下颠簸而将谷物、壳子，以及一些灰尘和轻的脏东西分离。看似很简单，但是掌握不好，很容易就掉到地上去了。

图 1.3　簸箕

（4）扁担。扁担（图 1.4）是放在肩上挑东西或抬东西的工具，用竹子或木头制成，扁而长。扁担的外形一般都是简朴自然：直挺挺的，不枝不蔓，酷似一个简简单单的"一"字。

扁担是生产生活中的用具之一，尤其在山区交通不便的地方，其依旧是搬运货物便捷有效的工具。

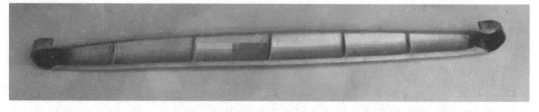

图 1.4　扁担

（5）箩筐。箩筐（图 1.5）是用来担重物的，一般都是成对出现，然后用一个扁担挑起来。现在这种农具在农村不少家庭中还能看到，如采摘水果、稻谷收获，就会用它挑回去。还有些集市上，也有人用它装东西来售卖。

（6）竹筛。竹筛（图1.6）由竹篾编制而成。与箩筐不同，其呈扁平状，底部有小孔，常用于筛选不同直径的物质颗粒。

（7）犁耙。犁耙（图1.7）是用来翻耕土地的工具，非常笨重，一般都是套在牛脖子上，依靠牛来拉动。也有一些小型的，则是依靠人力来拉。

（8）耙子。耙子（图1.8）是指归拢或散开谷物、柴草或平整土地用的一种农具，柄长，装有木、竹或铁制的齿。翻耕土地的农具，一般有二指耙、三指耙和四指耙。挖红薯的时候常用二指耙，而翻耕稻田多用四指耙。

图1.5 箩筐

（9）锄头。锄头（图1.9）是一种我国传统的长柄农具，其刀身平薄而横装，收获、挖穴、作垄、耕垦、盖土、筑除草、碎土、中耕、培土作业皆可使用，属于万用农具，是农民常用的工具。使用时以两手握柄，做回转冲击运动。其构造、形状、质量等依地方、依土质而异。

图1.6 竹筛

图1.7 犁耙

图1.8 耙子

图1.9 锄头

※ 实践小贴士 ※

使用锄头时，注意一只手在前，一只手在后，前手距离锄头的头部占整个把柄的 2/3 的地方，后一只手距离长柄的尾部 20 厘米就可以了，不要攥到最底端，否则用起力来不舒服。前一只手和后一只手距离 40～50 厘米比较合适，用力自如，感觉也很舒服。

刨地的时候，先把锄头抬高，高过自己的头顶，这时，前一只手用力抬起来，后一只手自然摁一下锄柄的尾部，把高举的锄头用力向着自己要刨的地上猛得下去，前一只手用力下压，后一只手抬起锄把的尾部，两只手的力气要同时同步进行，不是各自运用各自的。然后连续刨地，慢慢就觉得容易多了。

（10）铁锹。铁锹（图 1.10）是一种农具，可以用于耕地、铲土。其长柄多为木制，头是铁的，可军用。常用的铁锹有尖头铁锹、方头铁锹。

（11）耧。耧（图 1.11）是关内许多地方的一种原始的播种机。前方由人牵引，后面有人把扶，可以同时完成开沟和下种两项工作。中空开沟和下种配件犁具可成组装配，常为 3 只，这时因阻力较大，常需用牲畜引耧。引耧常用牛，优点是缓而稳。这种农具是现代播种机的前身。

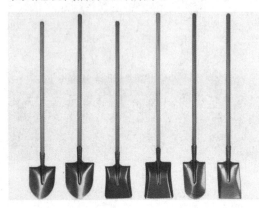

图 1.10　铁锹

图 1.11　耧

耧的主要功能就是为播种而开沟，是整个播种机的开路先锋，没有这种专用的耧铧，开的沟可能过宽、过深，不利于保墒。若土壤中水分散尽，种子就不容易发芽。

（12）镰刀。镰刀（图 1.12）俗称割刀，是农村收割庄稼和割草的农具。镰刀由刀片和木把构成，刀片呈月牙状，刀口有斜细锯齿，尾端装有木柄，用以收割稻麦。有的刀片上带有小锯齿，一般用来收割小麦、稻谷等。

（13）铡刀。铡刀（图 1.13）是切草、树枝、根茎等的五金刀具。其在底槽上安装有刀身，刀的一头栓杆固定活动，一头有把，可以上下提压。

图 1.12　镰刀

图 1.13　铡刀

●拓展延伸

感受农具的发展与进步

传统种植工具大多适用于小面积土地的精耕细作。为了提升大面积土地耕作的效率，智慧的劳动人民不断地探索研究，发明了许多新型的农具，提高了劳动效率，降低了劳动强度。

以小组为单位交流认识现代农业机械，然后展示讨论结果。

（1）拖拉机。拖拉机（图 1.14）是用于牵引和驱动作业机械完成各项移动式作业的自走式动力机，也可作固定作业动力。拖拉机虽是一种比较复杂的机器，其形式和大小各不相同，但它们都是由发动机、底盘和电器设备三大部分组成的，每一项都是不可或缺的。

图 1.14　拖拉机

◆农耕讲堂◆

拖拉机如何使用：

（1）禁止起步猛抬离合器。应缓慢地松开离合器踏板，同时适当加大油门行驶，否则，会造成对离合器总成及传动件的冲击，甚至损坏。

（2）拖拉机严禁挂空挡或踏下离合器滑行下坡。

（3）拖拉机的换挡及工作速度选择。正确选择拖拉机工作速度，不但可以获得最佳生产率和经济性，并可以延长拖拉机使用寿命。拖拉机工作时，不应经常超负荷，要使发动机具有一定的功率储备。拖拉机田间工作速度的选择，以使发动机处于80%左右负荷下工作为宜。

（4）一般情况下，应先减小发动机油门，再踩下主离合器踏板，然后逐渐踩下行驶制动器操纵踏板，使拖拉机平稳停住。紧急制动时，应同时踩下主离合器踏板和行驶制动器操纵踏板。行进中，不允许驾驶员将脚放在制动器踏板或离合器踏板上。

（5）当拖拉机进行田间重负荷作业、或在潮湿松软土壤上作业时，通常挂接前驱动桥工作，实现四轮驱动作业。拖拉机在硬路面作一般的运输作业时，不允许接合前驱动桥，否则将会引起前轮早期磨损。

（2）播种机。播种机（图 1.15）是以作物种子为播种对象的种植机械。用于某类或某种作物的播种机，常冠以作物种类名称，如谷物条播机、玉米穴播机、棉花播种机、牧草撒播机等。播种机种植的对象是作物的种子或制成丸粒状的包衣种子。

（3）联合收割机。谷物联合收割机统称联合收割机（图 1.16），就是收割农作物的联合机。其在 20 世纪 50 年代初被称作康拜因，是能够一次完成谷类作物的收割、脱粒、分离茎秆、清除杂余物等工序，从田间直接获取谷粒的收获机械。

图 1.15　播种机

在联合收割机没出现以前，脱粒机和机械收割机等器械，大大提高了 19 世纪时的农业生产率，这使得用比以前少的工人去收割更多的谷物成为可能。但 19 世纪后期的一项发明，更进一步地提高了这一效率。联合收割机使收割与脱粒机结合在一个整件中，使农民能以单一的操作去完成收割和脱粒，从而节省了人力、物力，大大减轻了农民的负担。

（4）脱粒机。脱粒机（图 1.17）为收割机械，是能够将农作物籽粒与茎秆分离的机械，主要是指粮食作物的收获机械。根据作物的不同，脱粒机的种类也不同，如打稻机适用于水稻脱粒，用于玉米脱粒的称为玉米脱粒机等。

图 1.16　联合收割机

图 1.17　脱粒机

■实践评价

我的收获				
我的感悟				
思考一下	1. 农具的发展和改进能带来什么效益？ 2. 生产工具的发展会对社会分工产生什么影响？ 3. 在农业、工业和服务业三个行业中，你认为哪个行业最重要			

	序号	课程评价项目	自评	互评
学生自我评价（自评部分根据自己的学习情况勾选对应的选项，互评部分交给你的小组同学完成，不得自己代完成互评选项）	1	是否在上课前做好充分的预习准备，通过各种渠道了解相关的主题内容，仔细阅读背景材料	非常符合□ 基本符合□ 不符合□	非常符合□ 基本符合□ 不符合□
	2	是否在课堂上积极参与小组活动，根据小组的活动要求，制订计划方案，完成自己的工作	非常符合□ 基本符合□ 不符合□	非常符合□ 基本符合□ 不符合□
	3	是否积极主动完成教师布置的任务，项目实践操作合乎任务要求	非常符合□ 基本符合□ 不符合□	非常符合□ 基本符合□ 不符合□
	4	在活动中是否体会到农业劳动的意义，树立正确的劳动价值观，养成良好的劳动习惯	非常符合□ 基本符合□ 不符合□	非常符合□ 基本符合□ 不符合□

	序号	课程评价项目	教师评价
任课教师评价（教师根据学生完成任务情况和课堂表现勾选相应选项，并在"教师综合评价"栏对该生进行综合评价）	1	学生是否顺利完成任务，遵守纪律，认真听讲，及时记录课堂笔记	非常符合□ 基本符合□ 不符合□
	2	学生是否积极参与劳动实践活动，理解活动意义，学会爱惜道具用品	非常符合□ 基本符合□ 不符合□
		教师综合评价	

任务二 农作物识别

● **实践指引**

你知道吗

农作物是农业上栽培的各种植物。不同的农作物具有不同的经济属性，主要有粮食作物和经济作物两大类。农作物的生长离不开科学的科技生产技术，以及新型工业制造出来的能辅助农业生产的机械设备。

● **实践目的**

通过本活动，增加对农村农作物的了解，同时更深化对农作物与人类关系的认识，从而学会珍惜人与自然的和谐关系。

● **实施前奏**

农作物的种类

农作物是指农业上栽培的各种植物，包括粮食作物、经济作物等，可食用的农作物是人类基本的食物来源之一。经济作物主要是指能大批长成或大面积收获，供盈利或口粮用的植物（如谷物、蔬菜、棉花、亚麻等）。

粮食作物主要有水稻、玉米、豆类、薯类、青稞、蚕豆、小麦等。

油料作物主要有油籽、蔓青、大芥、花生、胡麻、大麻、向日葵等。

蔬菜作物主要有萝卜、白菜、芹菜、韭菜、蒜、葱、胡萝卜、菜瓜、莲花菜、菊芋、刀豆、芫荽、莴笋、黄花、辣椒、黄瓜、西红柿、香菜等。

果类主要有梨、青梅、苹果、桃、杏、核桃、李子、樱桃、草莓、沙果、红枣等。

野生果类主要有酸梨、野杏、毛桃、山枣、山樱桃、沙棘等。

饲料作物主要有玉米、绿肥、紫云英等。

药用作物主要有人参、当归、金银花、薄荷、艾蒿等。

● **实施步骤**

1. 收集认识农作物，加强环境布置

任课教师组织学生到学校内外寻找各种本土自然素材，并利用收集回来的乡土自然素材创设环境。在环境的创设中，专门布置了班级关于农作物的本土墙，寓教于环境之中，在"玩中学，学中玩"。

在班级的自然角摆放一些家乡常见的农作物（图2.1），如胡萝卜、黄瓜、大蒜等。更好地了解家乡的一些主要农作物特产，知道农作物的来源、种植农作物的基本过程及农作物与人们的关系，懂得爱惜农作物，尊重劳动人民。

2. 参观农作物的田地，了解农作物的生长

参观学校的植物园，观察各种农作物的生长，进行观察、记录、讲解、交流，激起学生的学习兴趣，发挥主动性。

图 2.1 常见的农作物

学生对所认识的农作物进行介绍，并进行讨论：农田里的农作物是什么？它们是什么样子的？丰富学生关于农作物方面的知识和经验。亲近自然中的植物，认识它们的特性，通过直接的生活体验和感知生活的机会，借助开放式的课程学习，获得丰富的情感体验。例如，为了感受季节变换和美丽景色，可以安排采摘农作物的活动，加深对农作物的认识和了解。这样不仅扩展了学生对本土生活环境的认识，同时，也进一步激发了学生爱家乡的情感，形成了家乡的归属感。自然能陶冶学生的情操，萌发其热爱自然、热爱家乡的情感。

◆**农耕讲堂**◆

农作物是指在农业上栽培的植物，经济作物一般是指为工业提供原料的作物。农作物可分为粮食作物、果类作物、饲料作物、药用作物、经济作物等类型，具体如下：

（1）粮食作物：以小麦、玉米、水稻、豆类、薯类、青稞、蚕豆等种类为主。

（2）果类作物：以桃、梨、杏、苹果、红枣、李子、樱桃、核桃、青梅、草莓、沙果等种类为主。

（3）野生果类：以沙棘、野杏、毛桃、山枣、酸梨、山樱桃等种类为主。

（4）饲料作物：以玉米、绿肥、紫云英等种类为主。

（5）药用作物：以艾蒿、人参、薄荷、当归、金银花等种类为主。

（6）经济作物

①蔬菜作物：包括茄子、辣椒、黄瓜、丝瓜、豆角、西红柿等品种。

②纤维作物：包括棉、麻等品种。

③油料作物：包括花生、芝麻等品种。

④糖料作物：包括甜菜、甘蔗等品种。

⑤三料作物：包括可用来生产饮料、香料、调料的作物。

⑥其他：包括药用作物、染料作物、观赏作物、水果等类型。

3．汇集资料，掌握基本知识

以小组为单位，针对参观过程中看见的植物，针对该种植物的特性提出问题，并讨论：这些农作物的播种时间是一样的吗？它们成熟的时间相同吗？

接着进行科普学习。以小组为单位，在一定的时间，每个小组收集常见农作物播种和成熟的相关资料，如农作物播种、成熟的时间。问：你搜集了哪些农作物，它们分别生长在什么地方？它需要什么生长条件？如此，一方面能够促进收集整理信息的能力，另一方面能促进形成守时惜时的习惯。

4．探索农作物的特点，了解农作物的价值

请学生提前准备好农作物制成的食物，如发糕、豆腐、豆浆、棒米花、玉米饼、绿豆糕、棒米粥……

结合生活经验说说农作物可以做成哪些好吃的东西，并讨论食用农作物的好处。

品尝食物，说说是用哪种农作物做成的食物。

※ 实践小贴士 ※

（1）小麦种植时间。以10月5—13日为好，选择土层深厚地块，种子要进行拌种处理来防治病虫害，播种以条播为主，冬前浇水，冬后追肥，拔节前要化学除草，小麦后期根系吸收能力越来越差，可在开花期及时进行叶面施肥，主要喷施巴内达碧卡叶面肥，提高小麦灌浆度。

（2）小麦需肥特性。

①氮是细胞原生质、叶绿素等的组成成分，充足的氮素可以促进根、茎、叶的生长，增加叶面积和有机物的积累。在幼穗雌雄蕊分化时施氮，可以减少不孕小花而增加粒数。

②磷是细胞核的重要成分，并参与细胞的合成反应和糖、氮的正常代谢。小麦对磷反应敏感，缺磷会抑制其根系发育，分蘖减少、叶色暗绿发紫、成熟延迟，最终导致粒重下降，品质不良。

③钾能提高光合效率，促进对氮和磷的吸收，提高体内纤维素、木质素含量，使茎秆坚韧抗倒。保证钾肥供应，还能提高叶水势、叶片持水力，显著地增强抗旱作用

■实践评价

我的收获					
我的感悟					
思考一下	1. 你采摘过农作物吗？采摘农作物需要注意什么？ 2. 你知道哪些有关丰收的"秘诀"？ 3. 种植农作物的基本过程包括什么				

	序号	课程评价项目	自评	互评
学生自我评价（自评部分根据自己的学习情况勾选对应的选项，互评部分交给你的小组同学完成，不得自己代完成互评选项）	1	是否在上课前做好充分的预习准备，通过各种渠道了解相关的主题内容，仔细阅读背景材料	非常符合□ 基本符合□ 不符合□	非常符合□ 基本符合□ 不符合□
	2	是否在课堂上积极参与小组活动，根据小组的活动要求，制订计划方案，完成自己的工作	非常符合□ 基本符合□ 不符合□	非常符合□ 基本符合□ 不符合□
	3	是否积极主动完成教师布置的任务，项目实践操作合乎任务要求	非常符合□ 基本符合□ 不符合□	非常符合□ 基本符合□ 不符合□
	4	在户外进行观察时，是否把安全意识和安全行为放在首要位置	非常符合□ 基本符合□ 不符合□	非常符合□ 基本符合□ 不符合□
	5	在活动中是否体会到劳动的意义，树立正确的劳动价值观，养成良好的劳动习惯	非常符合□ 基本符合□ 不符合□	非常符合□ 基本符合□ 不符合□

	序号	课程评价项目	教师评价
任课教师评价（教师根据学生完成任务情况和课堂表现勾选相应选项，并在"教师综合评价"栏对该生进行综合评价）	1	学生是否顺利完成任务，遵守纪律，认真听讲，及时记录课堂笔记	非常符合□ 基本符合□ 不符合□
	2	学生是否积极参与劳动实践活动，理解活动意义	非常符合□ 基本符合□ 不符合□
		教师综合评价	

任务三　水稻播种育苗

● **实践指引**

你知道吗

水稻播种育苗是常见的农务，但其中却蕴含了深切的中国传统农耕思想——天时、地利、人和，人与自然和谐。水稻播种育苗需要农作人用心，需要在恰当的时间、合适的土壤中完成。

● **实践目的**

为了提升水稻的产量，需要从种子开始，对温度、湿度进行良好的控制，从而获得含糖量高的高质量稻米。

● **实施前奏**

种植水稻需要什么条件？

（1）水稻适宜在温度较高的地方生长，温度越高，生长越快，产量也就越高。水稻生长的环境温度必须高于 13 ℃，当温度低于 13 ℃时，水稻便会停止生长。所有绿色植物都是在光照条件下生长，水稻也不例外。在光照条件下，水稻生长正常，当自然光为 50% 时，水稻生长缓慢，当光照强度降至自然光强度的 5% 时，水稻会停止生长，甚至死亡。

（2）水稻的生长需要足够的水分，当水分供给不足时，植物的生理功能会降低。水稻分蘖期是水稻需水量的高峰期，也是绝对不允许缺水的。水稻在生长过程中还需要充足的养分。在常规根际施肥的前提下，施用尿素、硫酸铵或绿肥进行叶片施肥，帮助水稻生长，抵御外部环境的不利影响。

● **实施步骤**

1. 选对良种

现在有很多好的品种，但一定要根据当地的积温土壤和生长环境，选择优质抗病的高产品种。

2. 种子晾晒

把精选后的种子，选择晴天在阳光下晒 2～3 天，打破种子休眠，增强酶的活性，提高种子的发芽势和发芽率。

3. 清选种子

把晾晒的种子进行23%的黄泥水或12%～13%的盐水选种，即事先把黄土晒干，然后加入少量的水调成糨糊状后再加水调剂，使新鲜鸡蛋浮出水面5分硬币大小时加入种子，捞出瘪谷后，用清水清洗一遍，再进行消毒。如果是经过比重选择的种子，可以直接进行消毒。

4. 消毒浸种

把清选好的种子浸入咪酰胺溶液中浸种，每天搅拌一次。要求是应达到累计积温100 ℃，即水温10 ℃浸种10天，水温15 ℃浸种7天，水温20 ℃浸种5天，这样种子才能吸足水分，保证芽齐、芽壮，否则极易造成不出芽就加温，出现烧种现象，使种子失去发芽能力。

5. 催芽过程

把浸好的种子用50 ℃的温水提温，放在30厘米厚的稻草上用塑料布包好后，上面盖上棉被，温度控制在30～32 ℃。经常翻动，保证温度均匀，大约36小时或48小时，有80%的种子露出白尖时即破胸，破胸后把温度降到25 ℃进行催芽。当80%的种子芽长为3毫米、根长为5毫米时，进行室温（即屋内温度）凉芽6～8小时就可以播种了（图3.1）。

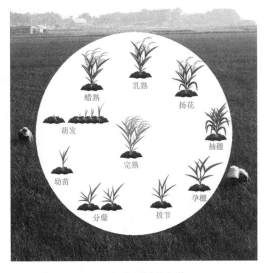

图3.1　水稻播种育苗

◆**农耕讲堂**◆

水稻育苗技术要点有哪些？

（1）水稻种子处理。在育苗之前需要对种子进行处理，这样可以使种子的发芽率提高，并且还能够有效地防止一些病虫害。

首先就是晒种，然后使用百客或咪酰胺杀螟丹加水来将种子浸泡5～6分钟，然后用吡虫啉可湿性粉剂浸泡两天左右，最后将种子捞出来进行催芽。等到种子80%左右都已经发出芽白，就可以进行播种了。

（2）水分管理。育苗地的水分不需要浇灌太多，一般能够将畦面浸透就可以了，其次就是当田间的水分减少的时候，要做到及时浇水，将土壤的湿度保持在原来的湿度就可以了。

水稻秧田的水分不能太多，否则就会影响到水稻的出苗情况，并且还会容易发生一些病虫害，导致水稻秧苗发生死亡的现象。如果是在一些比较干旱的地区进行育苗，要做到及时的浇水管理将土壤进行浇透，这样可以防止秧苗发生死亡的现象，在

水稻出苗的这段时间中，一定要保证田中合理的湿度。

（3）浸种催芽。

①催芽。将之前全部处理好的种子装在网纱袋子里，催芽的时候要保持在30～32℃，以便保证种子顺利的出芽。等到芽根长到2毫米左右拿出来放在阴凉的地方，此时即可播种。

②育秧。出芽之后等秧苗长到筷子的长度就可以拔出来重新移栽了，否则是不能出水稻的。

（4）移栽。将所有的秧苗全部都拔出来，然后再扎成一小束的秧苗，全部转到大的水稻田里面去，接着再将这些秧苗重新插进去。注意间距要保持大一点，若过于紧密会影响到水稻的正常生长，也会对水稻的产量造成影响。

6. 播种过程

稀播育壮秧，播量"宁稀勿密"。最佳播期：如果3月10日扣棚提温可在4月5—10日，中棚可在4月15—20日。播量应该根据秧龄而定。如果4月15日出苗，5月15日插秧，芽率90%以上，每盘可播干种0.24斤。播种后用木磙子把种子三面压入土中，与地面持平，然后覆盖1厘米的过筛土。

7. 苗床管理

低温少水育壮秧：苗床温度"宁低勿高"，具体温度应控制在出齐苗28℃，1.1叶时25℃，2.1叶时23℃，3.1叶时21℃，以后20℃。插秧前3～5天昼夜揭布练苗，晚上低于4℃再盖布防止冻害。苗床湿度"宁干勿湿"，苗出齐后，一般不会缺水。床土表面有0.5厘米厚的干活土层，下面的床土松软、潮湿为正常现象。秧苗根系发达，白根多，如果早晨叶尖吐水少，中午打蔫，拔出秧苗都是白根，根周围没有湿土，才是真正缺水了，这样就要趁早上浇一次透水；反之，苗打蔫就是发生立枯病了，要了解病情，看看是真菌性还是生理性的，对症下药，及时治疗。

8. 及时插秧

在插秧前1～2天喷防虫剂和防冻剂。当气温稳定在13℃连续3天开始插秧。第二积温带可在5月12日开始插秧。第三积温带可在5月15日开始插秧（在保证不受冻害的情况下尽量早插，争取有效积温，促进早熟，夺取高产）。

插秧时，水层需覆盖田面不能少于50%～80%，并且从下池往上池插，插一半时把上池多余的水排入已插池子，这样一是节水；二是预防冻害；三是返青快。

行距为株高的1/3最合理。株距根据品种的分蘖强弱而定，一般插9×3或9×4，每穴4～6株。插秧深度以不漂苗为基准，越浅越好。此外，还可以根据叶龄适时插秧，3.2叶开始，4.5叶结束。过早秧苗盘根不好，过晚返青慢，并且有早穗现象。

9. 合理施肥

按叶龄施肥的原则，底肥应在翻地之前施入，每亩为35～40斤，返青肥在插后7～10天。以秧苗长出新的根系为准，亩施15～20斤返青专用肥，在到拔节末期每亩施用专用穗肥14～18斤，正常情况下插后45～50天。

10. 科学管水

"水是稻子的命，也是稻子的病。"要本着前浅、中晒、后湿润，生理用水和生态用水够用就好的原则。即插秧后，要保持田面不露地，分蘖以寸水为好，分蘖末期要晒田、透气、输氧，这样增强根部活力。肥田或长势旺盛要多晒几天，反之则少晒或不晒。

然后灌 5 ～ 6 厘米水层，此时植株开始拔节，肥水不能过大，否则易贪青感病倒伏。第一、二节拔出后，要加深到 3 寸①水层，深水孕穗，抽穗前 2 天适当排水、通气、输氧，保持后 4 片叶的活力。开始出穗到齐穗期间不可缺水，否则会影响出穗。齐穗后到蜡熟期，可间歇灌溉。

11. 病虫防治

苗期立枯病、后期稻瘟病等病害是影响水稻产量的关键。立枯病可分为真菌性和生理性病害。床土水分过大、床温低、床土板结透气性差是发病的原因，其次床土碱性过大有利于病菌繁殖。

此外，浇水过多、过勤，氮肥量过多，施肥不均匀，播种量过大、过早，苗床温度过高，通风练苗不够都可能引起病害。

12. 适时收割

有人认为，水稻越成熟越好。其实不然，水稻成熟过度，糖分流失，淀粉增加，容易造成米粒经纹多，折米多，整精米减少，导致品质下降。因此，要根据不同品种适时收割。

水稻成熟分乳熟、蜡熟、黄熟、完熟和枯熟。在完熟期（即稻穗成米有 98% 白米，2% 青米）时，或按出齐穗 45 ～ 50 天时，是出米率最高、品质最好的收割时期。

※ **实践小贴士** ※

（1）常见的病害防治方法：

①播种前苗床消毒，床土调酸，使 pH 值为 5 ～ 5.5。

②出苗后要及时通风练苗，上午 10 点揭布，下午 2 点盖布，减少温差。

③1.5 叶时喷洒防病药剂，若发现病情一定要查清病因，改善环境，对症下药，经常观察，争取早插秧。

（2）常见病害的解决办法：

①稻瘟病分苗瘟、叶瘟、节瘟、颈瘟、穗瘟、粒瘟，要以预防为主。首先选择抗病品种科学管理，施肥合理；其次要及时药物预防。一般在 7 月 15—25 日喷一次药可预防叶瘟和节瘟，在出穗前 1 ～ 2 天喷一次药可预防穗颈瘟。若发现病情，在齐穗后再喷一次。

②虫害：苗期潜叶蝇、后期二化螟对水稻产量影响最大。潜叶蝇可在插秧前 1 ～ 2 天喷洒防虫药剂（这样方便、经济，而且效果也不错）；二化螟必须以预防为主，应当在 7 月 15—20 日和 8 月 5—10 日各喷一次，发现成虫（即飞蛾）飞在田间时喷药为最佳。

---

① 1 寸 ≈ 3.33 厘米。

■实践评价

我的收获				
我的感悟				
思考一下	1. 水稻育苗的催芽方法有哪些要点？ 2. 水稻有哪些种植方法？ 3. 水稻一年几熟			

	序号	课程评价项目	自评	互评
学生自我评价（自评部分根据自己的学习情况勾选对应的选项，互评部分交给你的小组同学完成，不得自己代完成互评选项）	1	是否在上课前做好充分的预习准备，通过各种渠道了解相关的主题内容，仔细阅读背景材料	非常符合□ 基本符合□ 不符合□	非常符合□ 基本符合□ 不符合□
	2	是否在课堂上积极参与小组活动，根据小组的活动要求，制订计划方案，完成自己的工作	非常符合□ 基本符合□ 不符合□	非常符合□ 基本符合□ 不符合□
	3	是否积极主动完成教师布置的任务，项目实践操作合乎任务要求	非常符合□ 基本符合□ 不符合□	非常符合□ 基本符合□ 不符合□
	4	是否做到课程内容的举一反三，运用本节课学习的知识为自己和他人的生活服务	非常符合□ 基本符合□ 不符合□	非常符合□ 基本符合□ 不符合□

	序号	课程评价项目	教师评价	
任课教师评价（教师根据学生完成任务情况和课堂表现勾选相应选项，并在"教师综合评价"栏对该生进行综合评价）	1	学生是否顺利完成任务，遵守纪律，认真听讲，及时记录课堂笔记	非常符合□ 基本符合□ 不符合□	
	2	学生是否积极参与劳动实践活动，理解活动意义，学会爱惜道具用品	非常符合□ 基本符合□ 不符合□	
		教师综合评价		

任务四　红薯扦插繁殖

●实践指引

你知道吗

虽然随着科技的进步育苗方法得到改进，种苗越来越好，但影响产量的因素还有很多，其中最重要的就是扦插方法。

●实践目的

栽种红薯采用扦插繁殖的好处在于相较于其他的繁殖方式，如种子繁殖，扦插繁殖更加简便，并且重要的是成功率很高，若是养护得到，产量也是较为不错的。

●实施前奏

红薯苗的培育方法

1. 种薯繁育出苗法

种薯繁育出苗法是一种传统的红薯育苗方式。通过选取健康的种薯进行发芽繁殖后移栽。

2. 薯根繁育出苗法

在红薯收获后选取健康的薯根在合适的空间内进行温室移栽，保留 2～3 个藤枝，不保留叶片，叶柄修剪到 1～2 厘米培育。

3. 薯藤繁育出苗法

在红薯收获后选取健康的薯藤，不保留叶片，修剪至 1～2 厘米繁育。

4. 薯藤冬眠繁育出苗法

按照薯藤繁育出苗法得到薯藤后，用 0.5% 的安菲特林溶液浸泡 2 分钟，促进藤蔓休眠，进行覆土冬眠，待来年进行移栽种植。

●实施步骤

1. 扦插繁殖

（1）准备容器。家庭栽培多用盆栽，那么此时就需要准备一个适合的容器。若是用来栽培红薯，选择的容器一般要偏大一些，深度在 60 厘米左右为宜，同时要保证容器的排水性，如果原本的容器并无小孔透气，那么可以适当在容器的侧面或底面钻几个小孔，这样能够很好地避免盆栽出现土壤积水的现象。

（2）准备泥土。养护红薯最好选用沙质土和河沙土的混合，比例大概在 7：3 合适，若是土壤达不到较为肥沃的标准，那么可以在泥土的下部铺垫小块有机肥或饼肥，可以使得前期植株的生长更为良好。

（3）选择根茎。通常是从发育态势良好的红薯上剪下一段 10 厘米左右的根茎，此时可以不用急着扦插，先把准备好的茎在水中泡上一段时间，待长出些许根须后再扦插为宜。

（4）扦插繁殖。

①直插法。薯苗较短时宜采用直插法，茎节垂直入土 2/3，此法入土深，能吸收深层土壤养分和水分，成活率高、耐旱。其缺点是根部上层土壤结薯大、下层结薯小，大小不均匀，薯块入土深，收获不方便，破损率高。

②斜插法。茎叶与地面呈 55°角斜插，这种插法入土深、成活率高、缓苗快、抗旱性好、结大薯率高，薯块同一方向生长，收获方便，但是结薯不均匀，上面结薯大、下面结薯小。

③水平扦插法。水平扦插法是把薯苗各节均匀水平地放到浅土层 4～5 厘米处，倒 7 字栽法，这种栽法结薯多而均匀，适合水肥条件较好的土壤种植。其缺点是抗旱性较差，在贫瘠的土壤中薯块多营养分散，薯块都不太大。

④船底型栽法。船底型栽法把薯苗根部各节放到浅土层 4～5 厘米处，只是中部茎节略深。这种栽法入土节位多，结薯多而均匀，入土深，抗旱性好，成活率高；缺点是如果土质较黏，中部入土过深结薯小或容易不结薯。

（5）浇水养护。扦插后，覆上一层细土，适量的浇水，为插穗提供水分，有利于根系的生长，如图 4.1 所示。

养护期间需要控水，对扦插完成的盆栽进行适量的浇水，使得盆土呈半湿润状态即可，摆放在半阴凉、通风好的位置生长就完成了。

插穗生出根系后，可以给予其充足的光照、水分和肥料。

红薯成年以后，需要定期给其喷洒药剂，能够有效预防病虫害。

图 4.1　红薯苗扦插繁殖

◆ 农耕讲堂 ◆

红薯苗如何斜插能高产？

（1）长度。红薯种植苗可分为头苗和生长苗。头苗就是种源上长起来的首苗，一般长度在 30 厘米左右就开始进行移栽，再高就会造成鸡脚苗，苗床肥力不够；而生长苗是头苗移栽定植后长起来的苗，长度根据种植面积而定，栽的时候截取长度在 25～30 厘米。

（2）挖沟。红薯移栽时，多选择起垄或做畦，然后进行挖沟，沟的深度在 25 厘米左右，根据地块的水平情况，进行挖沟，最好是一高一低，能很好地排水。

（3）覆土。斜插时，要剪除苗底端的叶子，留 1 厘米左右的叶柄，不要伤到芽点。剪除叶子是为了减少营养消耗，同时能促进根须生长。一般斜插苗有 4 个节，斜放在沟壁后用土覆盖苗的 3 个节，漏出 1 个节在外面，压实即可，土壤湿度保持在 70% 即可。

（4）株距。红薯栽植时，株距一般在 20 厘米。过密会造成后期红薯的抢肥及较小红薯生长空间，过稀会对土地造成浪费。施肥时选择红薯株距中央位置进行穴施或撒施后覆土。

2. 管理事项

扦插过后的 7 天左右，就能看到盆栽长出不少的叶片了，此时植株进入正常发育的状态。

红薯在生长期间需要良好的光照，充足的光照可以使得植株的叶子色泽更加的青翠，根茎与枝条也较为健壮，从而保证红薯能够有一个不错的产量，日照时间为 9～12 小时最为合适，不宜过少或过长。

合适浇水量是红薯正常生长的重要因素，若是浇水量过多，导致土壤积水，使得红薯被淹，那么对红薯的产量有非常大的影响，而泥土过于干旱，则会导致红薯出现果实表皮裂开的现象，因而针对不同的气温、天气，要根据实际情况把握浇水量。

想要收获饱满、硕大的红薯，施肥一定要足量，与大部分的农作物、水果不同，红薯在施肥时，主要以钾肥为主，而磷肥与氮肥则作补充作用；若是在追肥的阶段，则施加氮、磷肥多些为宜，这样对红薯的产量有较为明显的增加。

最后则是环境的因素，红薯怕寒冷，因此，无论是哪个生长阶段，温度要保持在 15 ℃以上，否则红薯会生长停滞。同时，它比较耐高温，当温度为 25～32 ℃时，它的生长速度明显增快，但是不能在 35 ℃以上环境生长，否则红薯会因养分消耗过快而导致产量下降。

※ 实践小贴士 ※

扦插如果过于稀疏，虽然叶片可以互相不遮挡，光合作用强，但是每亩红薯总株数少，所以，每亩的总产量还是低；如果种植的密度大，病虫害也多，红薯叶子相互遮掩，透光透风差，光合作用弱，向红薯块茎输送的有机物少，红薯块茎不能迅速膨大，造成红薯个头小，经济效益差。所以，红薯要想高产，就要根据红薯的品种和土壤性质来确定扦插密度，一般每亩扦插 3 500～4 500 株最为适宜。

■实践评价

我的收获				
我的感悟				
思考一下	1．红薯扦插繁殖，如何预防病虫害？请你查找资料后与同学分享。 2．盆栽种植有哪些局限性？开沟起垄种植有哪些局限性？ 3．红薯在不同土质上都可以种植，但品质可能会有所差异。红薯对土质有什么要求			

	序号	课程评价项目	自评	互评
学生自我评价（自评部分根据自己的学习情况勾选对应的选项，互评部分交给你的小组同学完成，不得自己代完成互评选项）	1	是否在上课前做好充分的预习准备，通过各种渠道了解相关的主题内容，仔细阅读背景材料	非常符合□ 基本符合□ 不符合□	非常符合□ 基本符合□ 不符合□
	2	是否在课堂上积极参与小组活动，根据小组的活动要求，制订计划方案，完成自己的工作	非常符合□ 基本符合□ 不符合□	非常符合□ 基本符合□ 不符合□
	3	是否积极主动完成实践活动	非常符合□ 基本符合□ 不符合□	非常符合□ 基本符合□ 不符合□
	4	在活动中是否体会到劳动的意义，树立正确的劳动价值观，养成良好的劳动习惯	非常符合□ 基本符合□ 不符合□	非常符合□ 基本符合□ 不符合□

	序号	课程评价项目	教师评价
任课教师评价（教师根据学生完成任务情况和课堂表现勾选相应选项，并在"教师综合评价"栏对该生进行综合评价）	1	学生是否顺利完成任务，遵守纪律，认真听讲，及时记录课堂笔记	非常符合□ 基本符合□ 不符合□
	2	学生是否积极参与劳动实践活动，理解活动意义，学会爱惜粮食	非常符合□ 基本符合□ 不符合□
	教师综合评价		

任务五　树木移栽

●**实践指引**

你知道吗

树木移栽成功与否，承受着各种因素的制约，如技术自身的质量及其移栽期，生长环境的温度、光照、土壤、肥料、水分、病虫害等。

●**实践目的**

为了扩大苗木生长所需要的营养面积，改善苗木的光照和通风条件，促进侧根、须根发育，从而获得发育健壮、年龄较大的苗木，以适应造林或绿化环境的需要。

●**实施前奏**

了解树木移栽期的限制

移栽期是指移栽树木的时间。树木的移栽是有季节性的，通常需要遵循以下时间原则。

（1）华北地区大部分落叶树和常绿树在 3 月上中旬至 4 月中下旬种植。常绿树、竹类和草皮等在 7 月中旬左右进行雨季移栽。秋季落叶后可选择耐寒、耐旱的树种，用大规格苗木进行移栽，这样可以减轻春季植树的工作量。一般常绿树、果树不宜秋天移栽。

（2）华东地区落叶树的种植，一般在 2 月中旬至 3 月下旬，在 11 月上旬至 12 月中下旬也可以。早春开花的树木，应在 11—12 月种植。常绿阔叶树以 3 月下旬最宜，6—7 月、9—10 月进行种植也可以。香樟、柑橘等以春季种植为好。针叶树在春、秋季节都可以栽种，但以秋季为好。竹子一般在 9—10 月移栽为好。

（3）东北和西北北部严寒地区，在秋季树木落叶后，土地封冻前种植成活更好。冬季采用带冻土移栽大树，其成活率也很高。

●**实施步骤**

1. 选苗

在掘苗之前，首先要进行选苗，除根据设计提出对规格和树形的特殊要求外，还

要注意选择生长健壮、无病虫害、无机械损伤、树形端正和根系发达的苗木。做行道树种植的苗木分枝点应不低于 2.5 米。选苗时，还应考虑起苗包装运输的方便，苗木选定后，要挂牌或在根基部位画出明显标记，以免挖错。

2. 掘苗

掘苗时间和移栽时间最好能紧密配合，做到随起随栽。为了挖掘方便，掘苗前 1～3 天可适当浇水使泥土松软，对起裸根苗来说也便于多带宿土，少伤根系。

（1）挖掘裸根树木根系直径及带土球树木土球直径及深度规定如下。

①树木地径 3～4 厘米，根系或土球直径取 45 厘米。

②树木地径大于 4 厘米，地径每增加 1 厘米，根系或土球直径增加 5 厘米（如地径为 8 厘米），根系或土球直径为（8-4）×5+45=65（厘米）。

③树木地径大于 19 厘米时，以地径的 2 倍为根系或土球的直径。

④无主干树木的根系或土球直径取根丛的 4.5 倍。

⑤根系或土球的纵向深度取直径的 70%。

（2）乔灌木挖掘方法。

①挖掘裸根树木，采用锐利的铁锹，直径 3 厘米以上的主根，需用锯锯断，小根可用剪枝剪剪断，不得用锄劈断或强力拉断。

②挖掘带土球树木时，应用锐利的铁锹，不得掘碎土球，铲除土球上部的表土及下部的底土时，必须换扎腰箍。土球需包扎结实，包扎方法应根据树种、规格、土壤紧密度、运距等具体条件而定，土球底部直径应不大于直径的 1/3，如图 5.1 所示。

掘苗时，常绿苗应当带有完整的根团土球，土球散落的苗木成活率会降低，土球的大小一般可按树木胸径的 10 倍左右确定。对于特别难成活的树种要考虑加大土球，

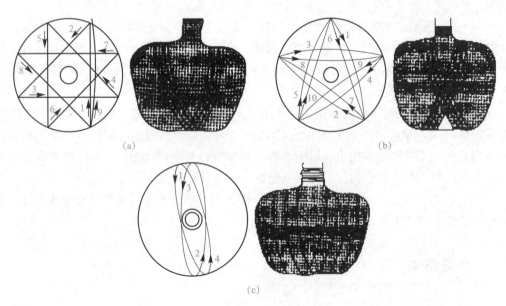

图 5.1　土球包装方法示意
（a）井字包；（b）五角包；（c）橘子包

土球的包装方法，如图 5.1 所示。土球高度一般可比宽度少 5～10 厘米。一般的落叶树苗也多带有土球，但在秋季和早春起苗移栽时，也可裸根起苗。裸根苗木若运输距离比较远，需要在根蔸里填塞湿草，或在其外包裹塑料薄膜保湿，以免根系失水过多，影响移栽成活率。为了减少树苗水分蒸腾，提高移栽成活率，掘苗后，装车前应进行粗略修剪。

3. 假植

苗木运到现场后应及时移栽。凡是苗木运到后在几天以内不能按时栽种，或是栽种后苗木有剩余的，都要进行假植。

◆**农耕讲堂**◆

苗木假植有带土球移栽与裸根移栽两种情况。

（1）带土球移栽的苗木假植。假植时，可将苗木的树冠捆扎收缩起来，使每一棵树苗都是土球挨土球、树冠靠树冠，密集地挤在一起。然后，在土球层上面盖一层壤土，填满土球之间的缝隙，再对树冠及土球均匀地洒水，使上面湿透，以后仅保持湿润就可以了；或者把带着土球的苗木临时性地栽到一块绿化用地上，将土球埋入土中 1/3～1/2 深，株距则视苗木假植时间长短和土球、树冠的大小而定。一般土球与土球之间相距 15～30 厘米即可。苗木成行列式栽好后，浇水保持一定湿度即可。

（2）裸根移栽的苗木假植。裸根苗木必须当天种植，裸根苗木自起苗开始暴露时间不宜超过 8 小时，当天不能种植的苗木应进行假植。对裸根苗木，一般采取挖沟假植方式，先要在地面挖浅沟，沟深为 40～60 厘米。然后将裸根苗木一棵棵紧靠着呈30°角斜栽到沟中，使树梢朝向西边或南边，如树梢向西，开沟的方向为东西向；若树梢向南，则开沟的方向为南北向。苗木密集斜栽好以后，在根蔸上分层覆土，层层插实。以后，经常对枝叶喷水，保持湿润。

不同的苗木假植时，最好按苗木种类、规格分区假植，以方便绿化施工。假植区的土质不宜太泥泞，地面不能积水，在周围边沿地带要挖沟排水。假植区内要留出起运苗木的通道。在太阳特别强烈的日子里，假植苗木上面应该设置遮光网，减弱光照强度。对珍贵树种和非种植季节所需的苗木，应在合适的季节起苗，并用容器假植。

4. 定植

定植应根据树木的习性和当地的气候条件，选择最适宜的时期进行。

（1）将苗木的土球或根蔸放入种植穴内，使其居中。

（2）再将树干立起扶正，使其保持垂直。

（3）然后分层回填种植土，填土后将树根稍向上提一提，使根群舒展开，每填一层土就要用锄把将土压紧压实，直到填满穴坑，并使土面能够盖住树木的根茎部位。

（4）检查扶正后，把余下的穴土绕根茎一周进行培土，做成环形的拦水围堰，其围堰的直径应略大于种植穴的直径。堰土要拍压紧实，不能松散。

（5）种植裸根树木时，将原根际埋下 3～5 厘米即可，应将种植穴底填土呈半圆土堆，置入树木填土至 1/3 时，应轻提树干使根系舒展，并充分接触土壤，随填土分层踏实。

（6）带土球树木必须踏实穴底土层，而后置入种植穴，填土踏实。

（7）绿篱成块种植或群植时，应由中心向外顺序退植。坡式种植时应由上向下种植。大型块植或不同彩色丛植时，宜分区分块。

（8）假山或岩缝间种植，应在种植土中掺入苔藓、泥炭等保湿透气材料。

（9）落叶乔木在非种植季节种植时，应根据不同情况分别采取以下技术措施。

①苗木必须提前采取疏枝、环状断根或在适宜季节起苗用容器假植等处理。

②苗木应进行强修剪，剪除部分侧枝，保留的侧枝也应疏剪或短截，并应保留原树冠的 1/3，同时必须加大土球体积。

③可摘叶的应摘去部分叶片，但不得伤害幼芽。

④夏季可搭棚遮阴、树冠喷雾、树干保湿，保持空气湿润；冬季应防风防寒。

⑤干旱地区或干旱季节，种植裸根树木应采取根部喷布生根激素、增加浇水次数等措施。

（10）对排水不良的种植穴，可在穴底铺 10～15 厘米沙砾或铺设渗入管、盲沟，以利于排水。

（11）移栽较大的乔木时，在定植后应加支撑，以防浇水后大风吹倒苗木。

※ 实践小贴士 ※

（1）树身上、下应垂直。如果树干有弯曲，其弯向应朝当地风方向。行列式移栽必须保持横平竖直，左右相差最多不超过树干一半。

（2）移栽深度，裸根乔木苗，应较原根茎土痕深 5～10 厘米，灌木应与原土痕齐，带土球苗木比土球顶部深 2～3 厘米。

（3）行列式植树，应事先栽好"标杆树"。方法：每隔 20 株左右，用皮尺量好位置，先栽好一株，然后以这些标杆树为瞄准依据，全面开展移栽工作。

（4）灌水堰筑完后，将捆拢树冠的草绳解开取下，使枝条舒展。

■实践评价

我的收获	
我的感悟	
思考一下	1. 如果你是某民俗馆的讲解员，需要给大家讲解农耕文明的相关知识，除本任务提到的内容外，你还会准备哪些内容？ 2. 从网上查找农耕文明的发展趋势并与同学分享。 3. 你认为农民这个职业会消失吗？为什么

	序号	课程评价项目	自评	互评
学生自我评价（自评部分根据自己的学习情况勾选对应的选项，互评部分交给你的小组同学完成，不得自己代完成互评选项）	1	是否在上课前做好充分的预习准备，通过各种渠道了解相关的主题内容，仔细阅读背景材料	非常符合□ 基本符合□ 不符合□	非常符合□ 基本符合□ 不符合□
	2	是否在课堂上积极参与小组活动，根据小组的活动要求，制订计划方案，完成自己的工作	非常符合□ 基本符合□ 不符合□	非常符合□ 基本符合□ 不符合□
	3	是否积极主动完成教师布置的任务，项目实践操作合乎任务要求	非常符合□ 基本符合□ 不符合□	非常符合□ 基本符合□ 不符合□
	4	是否做到安全至上，把安全意识和安全行为放在首要位置，时刻为自身以及他人安全着想	非常符合□ 基本符合□ 不符合□	非常符合□ 基本符合□ 不符合□
	5	是否做到课程内容的举一反三，运用本节课学习的知识为自己和他人的生活服务	非常符合□ 基本符合□ 不符合□	非常符合□ 基本符合□ 不符合□
	6	在活动中是否体会到劳动的意义，树立正确的劳动价值观，养成良好的劳动习惯	非常符合□ 基本符合□ 不符合□	非常符合□ 基本符合□ 不符合□

	序号	课程评价项目	教师评价	
任课教师评价（教师根据学生完成任务情况和课堂表现勾选相应选项，并在"教师综合评价"栏对该生进行综合评价）	1	学生是否顺利完成任务，遵守纪律，认真听讲，及时记录课堂笔记	非常符合□ 基本符合□ 不符合□	
	2	学生是否积极参与劳动实践活动，理解活动意义，学会爱惜道具用品	非常符合□ 基本符合□ 不符合□	
	教师综合评价			

任务六　植物病虫害的防治

●实践指引

你知道吗

植物病害、虫害诊断和防治技术，是减少农作物损害、促进农作物增产的重要措施。正确的诊断是植物病虫害防治工作的首要前提。

●实践目的

正确诊断植物病害、将病虫害控制在经济损失允许的水平以下，以便减少农作物损害、促进农作物增产，从而取得最大的经济效益和生态效益。

●实施前奏

植物病虫害防治基本原理

正确的诊断是植物病虫害防治工作的首要前提。植物病害的诊断可分为田间诊断和病原物鉴定。田间诊断是以观察田间植株症状的特点为主要依据，确定病害的种类，通过诊断来区分病害属侵染性或非侵染性。非侵染性病害在田间往往成片状发生，而侵染性病害，如患病毒病的植株，在田间呈分散状态，病株呈畸形、褪绿或花叶；真菌性病株多腐烂萎蔫；细菌性病株多溃疡、腐烂、坏死。

有些病害需要进行实验室鉴定，即直接通过显微镜观察或对病原物分离、培养、接种后再进行镜检。

植物虫害的诊断往往通过植物受害的典型症状来辨认害虫的种类，如水稻受稻瘿蚊为害后稻茎畸形生长如葱管，玉米受玉米螟为害后心叶期叶片会形成横排孔，棉花受棉叶螨为害后叶片多呈火红色，梨树受梨大食心虫为害后吐丝将梨果板缠绕在果枝上等。还可以根据害虫的趋光性、趋化性及取食、潜藏和产卵等特性而设计，采取各种方法诱集害虫，确认害虫种类。

防治方法和措施有以下几项。

（1）植物检疫。以立法手段防止在植物及其产品流通过程中传播病虫害。

（2）抗病虫育种。培育高产优质的多抗性和兼抗性作物品种。

（3）栽培防治。改进耕作制度和栽培措施可改变病虫发生的生态条件，限制病虫的发生和为害，提高作物抗病虫能力。

（4）化学防治。施用化学药剂防治病虫害。

（5）物理机械防治。如播种前晒种、烧土和熏土，在温室内以一定温度处理种苗等。

（6）生物防治。利用生物或其代谢产物控制病虫害的发生或减轻其为害。

（7）综合防治。综合运用上述防治方法将病虫害控制在经济损失允许的水平以下，以取得最大的经济效益和生态效益。

● **实施步骤**

1. 介壳虫

介壳虫（图 6.1）是最为常见的植物害虫。介壳虫危害的植物非常广泛，正因为常见所以治理起来也并不难。

症状表现：受介壳虫害的叶片和根茎上会出现白色、柔软的东西，通常出现在植物下半部分的茎叶上。

治理方法：隔离其他健康的植物，条件允许的情况下可以用牙签把粉蚧杀死，或者用强劲的水流喷掉它。建议用清水和酒精 1∶1 配制溶液冲洗植株，这样就能把虫子冲掉，冲不掉的也能杀掉。若遇到更严重的介壳虫害就只能喷药了，如吡虫啉、护花神（灌根、喷施）、马拉硫磷等。

图 6.1　介壳虫

2. 蚜虫

蚜虫（图 6.2）也是很常见的植物害虫之一。

症状表现：蚜虫会阻碍植物生长，使得叶片弯曲、扭曲，蚜虫的颜色有绿色、黑色或棕色，通常躲在叶子的侧面、背面。

治理方法：蚜虫的个头很小，用水是冲不走的，最好的方法就是喷药、杀虫剂或肥皂水，可以自己制作，也可以用烟头泡水喷。若遇到更严重的蚜虫危害就只能喷药了，如护花神、吡虫啉、蚜虱净等。

图 6.2　蚜虫

3. 红蜘蛛

症状表现：患病位置在叶和茎，叶片扭曲、变黄，叶面上有浅色的小蜘蛛腿样的蛛形小东西，这种虫子很小，大小与蚜虫差不多，少量时很难发现，如图 6.3 所示。

图 6.3　红蜘蛛

治理方法：如果植物大量爆发这样的虫子可以考虑直接扔掉。个别叶片受害时，可摘除虫叶；较多叶片受害时，应及早喷药进行防治。常用的农药有克螨特、三氯杀螨醇、乐果、速灭杀丁等。

◆ 农耕讲堂 ◆

1. 植物检疫

植物检疫以立法手段防止在植物及其产品的流通过程中传播病虫害的措施，由植物检疫机构按检疫法规强制性实施。严格执行植物检疫法规可保护无病区，限制和缩小疫区，铲除新传入而未蔓延的包含病原物在内的检疫性病虫和杂草。

2. 抗病育种

培育抗病品种是经济有效的防治方法。在防治传染快、潜育期短、面积大的气传和土传病害如小麦锈病、稻瘟病、棉花枯、黄萎病等方面应用尤为普遍。为防止抗病品种遗传基因单一化，可利用诱发病圃或人工接种方法，鉴定对不同病原物和不同专化小种的抗病品种，通过杂交集中多个抗病主效基因于一个或几个栽培品种，并结合农艺性状优良和高产育种，培育出高产优质的多抗性和兼抗性品种。还可以利用植物体细胞杂交，导入抗病基因，以及将植物的抗病物质通过细胞质遗传以提高植物的抗病性。

3. 栽培防治

改进耕作制度可改变病原物严重发生的生态条件，有利于作物生长发育和提高抗病能力。如轮作可防治棉花枯、黄萎病等土传病害；保持果园田间清洁，可消灭或降低越冬菌量；严禁操作人员在烟草田和番茄田吸烟，移苗或整枝打杈前使用肥皂水洗手，可防止烟草花叶病毒传染；适期播种、窄行密植和增施厩肥和饼肥，可使玉米大、小斑病为害减轻；深沟窄行可降低地下水水位和土壤湿度，从而减轻小麦赤霉病；勤灌对控制水稻白叶枯病有较好效果；除草灭虫可减少病原物侵染来源或错开病原物发育的最适季节；建立无病种苗基地可防止种苗传病等。

4. 化学防治

应用化学药剂消灭病原物使作物不受侵害的措施。化学防治的优点是快速高效，方法简单，不受环境限制，可以采用大面积的机械化操作，但也有一定副作用。

5. 物理和机械防治

利用物理手段、机械设备及一些现代化的工具和技术来进行病虫害防治的措施。此方法既包含简单、古老的人工捕杀方式，也有当代物理方面技术的应用。物理防治的内容主要包括捕杀法、诱杀法、汰选法、阻隔法、温度处理和原子能、超声波等的应用。此外，各种射线、超声微波、高频电流也在试用于病虫防治。

6. 生物防治

利用或协调有益微生物与病原物之间的相互关系，使之有利于微生物而不利于病原物的生长发育，以防治病害。如土壤和植物根际的大量微生物群与病原物之间的拮抗作用就常被利用于防治土传病害。

4. 白粉虱

症状表现：被害叶片褪绿、变黄、萎蔫，甚至全株枯死。白粉虱有的是黄色或白色心形，可以飞，通常集聚在叶片的背面，如图 6.4 所示。

治理方法：隔离其他没有虫子的植物，若有少量几只就用手掐掉，或连带叶子剪掉。若遇到严重的白粉虱虫害可喷药防治，如蚜虱净、啶虫脒、虫嗪、烯啶虫胺、菊马乳油、氯氰锌乳油、灭扫利、功夫菊酯或天王星等。

5. 蓟马

症状表现：蓟马可使植物叶片扭曲、花朵脱色；蓟马是一种极其微小的昆虫，颜色从白色到深棕色都有，如图 6.5 所示。

治理方法：每隔几天用水冲洗（别伤害植物根茎）。严重时，应用药防治，若虫量大时，每 7 ~ 10 天防治 1 次，连续防治 3 ~ 5 次。农药为毒死蜱乳油、三氟氯氰菊酯乳油、溴氰菊酯乳油、氰戊菊酯乳油等喷雾。

图 6.4　白粉虱

图 6.5　蓟马

※ **实践小贴士** ※

防治原则是坚持预防为主；因地制宜、因时制宜、因作物制宜进行防治；使病虫害控制到经济允许水平之下，以求达到最大的经济效益；避免造成公害和人畜中毒。

■实践评价

我的收获	
我的感悟	
思考一下	1. 你还知道哪些常见的植物害虫？ 2. 不同用途的植物，对于病虫害防治有什么不同的要求？ 3. 预防植物感染虫害有哪些技巧

学生自我评价（自评部分根据自己的学习情况勾选对应的选项，互评部分交给你的小组同学完成，不得自己代完成互评选项）	序号	课程评价项目	自评	互评
	1	是否在上课前做好充分的预习准备，通过各种渠道了解相关的主题内容，仔细阅读背景材料	非常符合□ 基本符合□ 不符合□	非常符合□ 基本符合□ 不符合□
	2	是否在课堂上积极参与小组活动，根据小组的活动要求，制订计划方案，完成自己的工作	非常符合□ 基本符合□ 不符合□	非常符合□ 基本符合□ 不符合□
	3	是否积极主动完成教师布置的任务，项目实践操作合乎任务要求	非常符合□ 基本符合□ 不符合□	非常符合□ 基本符合□ 不符合□
	4	是否能够积极思考、反思，发掘实践过程的不足	非常符合□ 基本符合□ 不符合□	非常符合□ 基本符合□ 不符合□
	5	是否做到课程内容的举一反三，运用本节课学习的知识为自己和他人的生活服务	非常符合□ 基本符合□ 不符合□	非常符合□ 基本符合□ 不符合□
	6	在活动中是否体会到劳动的意义，树立正确的劳动价值观	非常符合□ 基本符合□ 不符合□	非常符合□ 基本符合□ 不符合□

任课教师评价（教师根据学生完成任务情况和课堂表现勾选相应选项，并在"教师综合评价"栏对该生进行综合评价）	序号	课程评价项目	教师评价
	1	学生是否顺利完成任务，遵守纪律，认真听讲，及时记录课堂笔记	非常符合□ 基本符合□ 不符合□
	2	学生是否积极参与劳动实践活动，理解活动意义，学会爱惜道具用品	非常符合□ 基本符合□ 不符合□
	教师综合评价		

任务七　鸡蛋孵化

●实践指引

你知道吗

鸡蛋孵化温度是鸡蛋孵化过程中一项非常重要的参数，对于鸡蛋的孵化有很大的影响。养殖户们必须了解鸡蛋孵化温度的要求，并做好鸡蛋孵化温度的控制，才能保证鸡蛋顺利孵化。

●实践目的

观察小鸡孵化从蛋到鸡的转变，从而知道鸡生蛋、蛋变鸡的由来及生命起源和生命周期，从而培养和建立对自然科学的兴趣，学习生命的宝贵。

●实施前奏

影响鸡蛋孵化率的因素

在实际生产中，鸡蛋孵化率是影响我国养禽业尤其是养鸡场效益的重要因素之一。影响鸡蛋孵化率的因素有很多，主要包括遗传因素、饲料营养、种蛋方面、孵化条件及日常管理等因素。

1. 遗传因素

不同品种或不同品系的孵化率不同：近交种蛋孵化率低，因为鸡的致死基因可导致孵化末期的胚胎死亡；杂交种蛋孵化率高。

（1）种鸡周龄。母鸡初产期的蛋孵化率低；在 30～42 周龄产的蛋孵化率高；以后随周龄增长而逐渐下降，约在 45 周龄后，孵化率降低 2%～5%。

（2）母鸡产蛋量。鸡的产蛋量与孵化率呈正相关，即鸡群产蛋量高，其孵化率也高，影响产蛋量的因素也同样影响孵化率。

（3）种鸡营养。日粮中营养不全如缺乏维生素 A，孵化初期死胚增多；缺乏维生素 D，孵化后期胚胎死亡率高；缺乏维生素 B，蛋白稀薄，孵化中期死胚增加，弱雏增多。矿物元素钙、磷、锌、锰等缺乏，孵化率降低。

（4）种鸡管理。鸡舍温度、通风及垫草的状况不良，造成舍内卫生较差，种蛋受到污染，从而影响孵化率。种鸡感染蛔虫、鸡白痢、鸡支原体等病均影响孵化率。有些疾病如鸡白痢、鸡支原体病等，可以通过带菌母鸡经蛋传染。

2．种蛋的原因

（1）种蛋的品质。裂缝、污秽、畸形、太大、太小的蛋孵化效果不佳。

（2）种蛋的保存。短期保存种蛋对孵化率的影响不大，但保存期延长就会导致孵化率不断下降。保存种蛋的温度太低，相对湿度不足，通风不良，翻蛋不当，都影响孵化率。种蛋受冻、受振及消毒不严，均可造成胚胎早期死亡增多，胚胎发育受阻，孵化率降低。

3．孵化条件的原因

（1）温度。孵化温度过高过低都会影响胚胎发育，严重时造成胚胎死亡。

（2）湿度。孵化湿度过大过小，都影响蛋内水分代谢，胚胎死亡率高。

（3）翻蛋。孵化中翻蛋不当或完全停止翻蛋，卵黄容易黏附于蛋壳膜上，影响胚胎运动，造成胎位不正，导致胚胎死亡。

（4）通风换气。孵化中通风不良，会出现胎位不正和畸形，胚胎死亡率增高。

（5）供电不稳。在供电不稳的地区或孵化器出现故障，使孵化中停电时间过长，造成温度降低和机内温度不均匀，使胚胎发育受阻甚至全部损失。

综上所述，养殖户必须针对影响鸡蛋孵化率的因素，采取有效措施，才能够提高鸡蛋孵化率，从而提高养鸡场的养殖收益。

●实施步骤

1．选蛋

种蛋应符合品种的要求，蛋重大小适中，蛋形正常，蛋壳厚薄均匀，颜色协调一致，色泽鲜艳，最好是短时间内存放的，因为种蛋存放时间越长孵化率越低。

2．消毒

种蛋的消毒（图 7.1）非常重要。消毒的种蛋比不消毒的能明显提高孵化率。种蛋的消毒一般采用甲醛气体熏蒸消毒法，每立方米空间用高锰酸钾 15 克，福克马林 30 毫升的剂量，在 27～30 ℃的温度下熏蒸 20 分钟，可杀灭病原微生物，特别对病毒和支原体的消毒效果显著，消毒一般在消毒柜内密封进行。

3．温度、湿度控制

（1）温度。温度是孵化所需要的首要条件，只有在适当温度下胚胎才能进行正常的物质代谢和生长发育，孵化期温度要求相对稳定，其变化范围允许在 ±0.5 ℃，孵化场所要求温度均匀，否则很难孵出好的成绩。孵化温度根据胚胎发育的情况采取前期高、中期平、后期略低、出雏期稍高的施温方法。

图 7.1　种蛋的消毒

（2）湿度。湿度也是野鸡蛋孵化期的重要条件，若湿度不足，则会引起胚胎粘壳、出雏困难或孵出的鸡体质量轻，雏鸡两脚鳞片粗糙、干枯；若湿度过高，孵出的雏鸡虽较重，但雏鸡的蛋黄吸收不良，腹部大，体质差，易死亡，致使成活率下降。孵化期野鸡蛋的湿度以两头高、中间平为佳，前期湿度高，可使种蛋受热良好、均匀，中期平，有利于胚胎的新陈代谢，到了后期出雏期，提高湿度是为了消散过多的生理热，使蛋壳结构疏松，便于啄壳出雏。

前期湿度为 60%～65%，中期湿度为 55%～60%，后期湿度为 60%～68%，出雏期湿度为 70%～75%。

◆农耕讲堂◆

在鸡蛋的孵化过程中，温度和湿度是孵化中的重要条件，对孵化率和健雏率起决定性的作用。若是温度和湿度控制不到位，将严重影响孵化效果。

1. 温度过高

孵化温度高时，胚胎发育快，但雏鸡体质软弱，若温度超过 42 ℃，经 2～3 小时就出现胚胎死亡；此外，妨碍蛋的内容物正常吸收，雏鸡绒毛短，色素缺乏，体重小，脐部愈合不良。相反，温度不足，胚胎生长发育迟缓，推迟出雏。

2. 温度过低

孵化率降低，若温度低于 24 ℃，经 30 小时左右胚胎全部死亡。

3. 湿度过高

湿度过高时，尿囊闭合缓慢，嗉囊、胃肠中有过量的液体，出壳迟缓。由于湿度大，蛋白水分多，雏啄壳时蛋白不能完全吸收，蛋白粘住雏鸡绒毛，外观很脏。雏鸡体重大，腹部膨大，站立和走路稍有吃力之感。

4. 湿度过低

湿度过低时，胎毛短小，雏体上有蛋壳粘连，雏体干瘦，体重轻，白色鸡种可能出现褐色。

4. 翻蛋

翻蛋能促进胚胎活动，防止内容物粘连蛋壳，使孵化期受热均匀。实践证实，1～20 天内每 8 小时翻蛋一次，翻蛋角度为 180°，21～24 天出雏期不翻蛋，只调边心蛋，就能满足胚蛋发育要求，孵化效果十分理想。

5. 照蛋

照蛋是检查胚胎的发育状况和调节孵化条件的重要依据。照蛋是在鸡胚蛋孵化到一定时间后，用照蛋器在黑暗条件下对胚蛋进行透视检查，以观察鸡胚胎的发育情况，剔除无精蛋和死胚蛋。

每批胚蛋至少应照蛋 2 次，即孵化 5～10 天时可照蛋第 1 次，19 天移盘时可照蛋第 2 次。一般情况下，白壳蛋孵化到第 5 天就能明显区分无精蛋和死胚蛋，此时可进行第 1 次照蛋；

褐壳蛋由于蛋壳颜色较深、透光性差，首次照蛋可在鸡胚孵化 8 ～ 10 天时进行。

6. 晾蛋

在孵化中后期，蛋温可达 38.8 ℃，蛋壳表面积相对小，气孔小，散热缓慢，此时期晾蛋可加强胚胎的气体交换，排除蛋内积热；孵化 16 天后，应每天晾蛋一次；20 ～ 24 天，生理热多，每天晾蛋 2 次，晾蛋时间长短不等，根据情况灵活掌握。当蛋温降至 35 ℃时继续孵化，如图 7.2 所示。

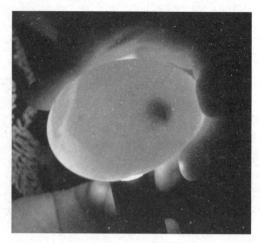

图 7.2　晾蛋

7. 喷水

喷水是提高出雏率的关键之一。喷水的作用有三点：一是破坏壳上膜；二是促进蛋壳和壳膜分别收缩与扩张，破坏它们的完整性，增大通透性，加快水分蒸发和蛋的正常失重，使气室容积变大和供氧充足；三是导致蛋壳松脆。野鸡蛋的壳膜厚，蛋温降至 35 ℃时继续孵化。壳坚硬，前期影响气体和水分蒸发，后期妨碍啄壳，壳膜的存在对孵化前几天是有利的，随着胚龄的不断增大，尤其是当尿囊合拢后，需要吸入更多的氧气和排出大量代谢产物时，它就开始对胚胎的发育产生不利影响。

为此，需要对 21 ～ 24 天的胚蛋喷 31 ～ 38 ℃的温水（不可过早，也不可过迟），每天喷一次，待晾干后继续孵化。在反复晾蛋、喷水的作用下，蛋壳由坚硬变松脆，雏鸡易破壳，减少了出雏期的死胎。

※ 实践小贴士 ※

鸡蛋孵化需要一定的温度，这是肯定的。孵化中低于某一温度胚胎发育将被抑制，当温度高于一个值时，胚胎才会发育，而这一温度被称为生理零度，也叫作临界温度。一般认为，鸡的生理零度约为 23.9 ℃。同时，胚胎发育对环境温度有一定的适应能力，以鸡为例，温度为 35 ～ 40.5 ℃时，都会有一些种蛋孵出小鸡。在 35 ～ 40.5 ℃这个温度内有一个温度，应该是环境温度保持在 24 ～ 26 ℃，温度 1 ～ 19 天为 37.8 ℃，出雏期 19 ～ 21 天为 36.9 ～ 37.2 ℃。在日常养鸡过程中，我们可以使用温度、湿度记录仪来及时感知环境温度和湿度的变化。如果需要，就进行及时调整。

■实践评价

我的收获				
我的感悟				
思考一下	1. 请根据孵化鸡蛋的活动过程，总结影响农事的主要因素。 2. 孵化鸡蛋属于农事中的哪一类型？ 3. "鸡生蛋，还是蛋生鸡"的争论说明了什么生物现象			

	序号	课程评价项目	自评	互评
学生自我评价（自评部分根据自己的学习情况勾选对应的选项，互评部分交给你的小组同学完成，不得自己代完成互评选项）	1	是否在上课前做好充分的预习准备，通过各种渠道了解相关的主题内容，仔细阅读背景材料	非常符合□ 基本符合□ 不符合□	非常符合□ 基本符合□ 不符合□
	2	是否在课堂上积极参与小组活动，根据小组的活动要求，制订计划方案，完成自己的工作	非常符合□ 基本符合□ 不符合□	非常符合□ 基本符合□ 不符合□
	3	是否积极主动完成教师布置的任务，项目实践操作合乎任务要求	非常符合□ 基本符合□ 不符合□	非常符合□ 基本符合□ 不符合□
	4	是否做到安全至上，把安全意识和安全行为放在首要位置，时刻为自身及他人的安全着想	非常符合□ 基本符合□ 不符合□	非常符合□ 基本符合□ 不符合□
	5	是否做到课程内容的举一反三，运用本节课学习的知识为自己和他人的生活服务	非常符合□ 基本符合□ 不符合□	非常符合□ 基本符合□ 不符合□
	6	在活动中是否体会到劳动的意义，树立正确的劳动价值观，养成良好的劳动习惯	非常符合□ 基本符合□ 不符合□	非常符合□ 基本符合□ 不符合□

	序号	课程评价项目	教师评价
任课教师评价（教师根据学生完成任务情况和课堂表现勾选相应选项，并在"教师综合评价"栏对该生进行综合评价）	1	学生是否顺利完成任务，遵守纪律，认真听讲，及时记录课堂笔记	非常符合□ 基本符合□ 不符合□
	2	学生是否积极参与劳动实践活动，理解活动意义，学会爱惜道具用品	非常符合□ 基本符合□ 不符合□
	教师综合评价		

任务八　动物防疫技术

●实践指引

你知道吗

对于很多养殖户来说，做好疫病预防工作是动物养殖的重点工作，因为疫病传播飞快，极易为禽类养殖带来极大损失。

●实践目的

为了给疾病的预防、控制、净化提供技术支持，必须执行日常疫病监测制度，学习动物防疫技术是一项重要的常规性和前提性工作。此活动旨在激发调动广大农户学习专业理论、刻苦钻研技术的热情，加快动物疫病防控高技能人才培养。

●实施前奏

猪瘟疫苗的用法、用量

猪瘟疫苗目前主要有四种，分别是乳兔苗、细胞苗、联苗和脾淋苗。其中，乳兔苗、细胞苗、脾淋苗为单苗，单苗一般用于猪的基础免疫；而联苗禁止用于首次免疫或仔猪断奶前免疫。在进行紧急免疫猪瘟时，一般选用乳兔苗、脾淋苗，最好选择脾淋苗，注射时也要注意用量。脾淋苗为皮下注射或额肌肉注射，需要用无菌生理盐水按每头份1毫升稀释，大小猪都为1毫升。注射时间选择进食后2小时或进食前均可。

猪瘟免疫，很多养猪户都抱着"多用比少用强""多多益善""以毒攻毒"的错误观点。我们在使用猪瘟疫苗的时候，大剂量注射一定是错误的，就算当时没有不良反应，但是后续的负面效应一样可怕。

乳兔苗采用肌肉或皮下注射，需要用无菌生理盐水按每头份1毫升稀释，大小猪都为1毫升。乳兔苗禁止和菌苗混用，注射后注意猪的反应，如果出现过敏反应，及时注射肾上腺素。注射时间选择进食后2小时或进食前均可。

●实施步骤

1. 猪瘟疫苗免疫注射

（1）查看疫苗批号、是否失真空、是否破损、是否在有效期内。

（2）拔掉疫苗和专用稀释液的塑料瓶盖，用注射器吸取2～3毫升疫苗稀释液注入疫苗瓶中，上下反复摇匀使疫苗充分溶解，吸取疫苗注回稀释液瓶中，再用稀释液反复冲洗疫苗瓶中的疫苗 2 ～ 3 次，注回稀释液瓶中备用。

（3）选择耳后颈部进行肌肉注射。注射部位用碘伏做点状螺旋式消毒。采用 12 号针头进行注射，注射完毕后，以干棉球压迫针孔，拔出注射针头。

（4）注射器和针头等废弃物集中进行无害化处理，剩余疫苗暂存冷藏箱，在免疫档案上记录免疫信息。

（5）接种前，查看疫苗使用说明，按要求稀释疫苗并充分混合均匀，不可剧烈振摇，防止产生气泡和降低效价。

（6）进针后，注射疫苗前先抽回活塞，若有回血，表明针头刺入血管内，应稍稍拔针，不见回血时再注射。注射时，疫苗应缓慢推入（图 8.1）。

图 8.1　猪瘟疫苗免疫注射

※ 实践小贴士 ※

弱毒疫苗能通过胎盘、引起仔猪死胎、流产或早产。如果要补注猪瘟疫苗，也只能在母猪怀孕前、产仔以后进行。此外，在预防接种前要详细询问畜体近况并进行必要的检查，患病猪或经长途运输猪暂缓免疫，待情况稳定后再进行。

2. 猪活体扁桃体采样

（1）采集扁桃体时，固定猪只使用的鼻捻子、开口器和扁桃体采样器，使用前均须用 2% 氢氧化钠溶液浸泡消毒 5 ～ 6 分钟，然后用清水冲洗。每采完一头猪扁桃体后都要经过此消毒程序处理，以避免交叉污染。

（2）用鼻捻子套住猪唇保定后，用合适尺寸大小的开口器将猪口撑开并压住猪舌，打开采样器上的照明灯，迅速将带有刀头的采样器刀杆刺入会厌扁桃体组织，注意不要搅动，以免创口过大，迅速扣动扳机，再快速抽出刀杆。

（3）最后将已切取的组织块（大小介于黄豆与米粒之间）用灭菌牙签从刀槽中挑至灭菌离心管并做好标记。采集猪扁桃体，要确保保定到位，刀头锋利，位置准确，动作迅速，尽可能减少对猪的损伤（图 8.2）。

3. 羊液采样

（1）采样前应禁食（可饮水）12 小时，

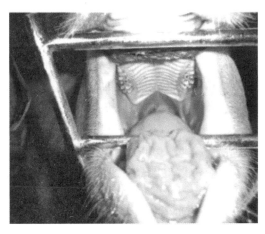

图 8.2　猪活体扁桃体采样

以免反刍胃内容物严重污染 O-P 液。采样探杯在使用前经 2% 氢氧化钠溶液浸泡 5 分钟，再用清水冲洗干净。每操作一次，探杯要重复进行消毒和清洗。

（2）采样时动物站立保定，将探杯随吞咽动作送入食道上部 10～15 厘米处，轻轻来回抽动 2～3 次，然后将探杯拉出。如采集的 O-P 液被反刍胃内容物严重污染，要用生理盐水或清水冲洗口腔后重新采样。

（3）将探杯采集到的 2～4 毫升 O-P 液倒入 25 毫升以上的灭菌玻璃容器中，容器中应事先加有 2～4 毫升磷酸盐缓冲液，加盖密封后充分摇匀，放冷藏箱及时送检，未能及时送检应置 -30 ℃冰箱冻存（图 8.3）。

图 8.3 羊液采样

4. 鸡翅静脉采血

（1）侧卧保定，展开翅膀，露出腋窝部，拔掉羽毛，在翅下静脉处消毒，用碘伏做点状螺旋式消毒。

（2）拇指压迫近心端，待血管怒张后，用采血器针头平行刺入静脉，放松对近心端的按压，缓缓抽取血液，采血量不少于 2 毫升。

（3）采血完毕及时用干棉球压迫采血处止血，避免形成淤血块（图 8.4）。

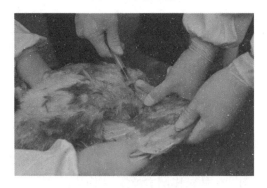

图 8.4 鸡翅静脉采血

5. 疫病快速检测技术

猪伪狂犬病毒（PRV）聚合酶链反应（PCR）试验用于检测猪血清和组织中的 PRV，适用于 PRV 的检测、诊断和流行病学调查。

（1）样品制备。

①样品采集：病死或扑杀的动物，取有明显病变脏器的病变部位与健康部位交界处组织，待检活动物，用注射器取血 5 毫升，4 ℃保存，送实验室检测。

②样品处理：每份样品分别处理。

组织样品处理：称取待检病料 0.1 克置组织研磨器中剪碎并研磨，加入 1 毫升 A 液继续研磨。取已研磨好的待检病料上清 100 微升加入 1.5 毫升灭菌离心管中，再加入 500 微升 A 液和 10 微升 B 液，混匀后，置 55 ℃水浴中过夜。

全血样品处理：待血凝后取血清放于离心管中，8 000 r/min 离心 5 分钟，取血清 100 微升，加入 500 微升 A 液和 10 微升 B 液，混匀后，置 55 ℃水浴中过夜。

阳性对照处理：混匀后取 100 微升，加入 500 微升 A 液和 l0 微升 B 液，混匀后，置 55 ℃水浴中过夜。

阴性对照处理：取 F 液 100 微升，加入 500 微升 A 液和 10 微升 B 液，混匀后，置 55 ℃水浴中过夜。

（2）病毒模板 DNA 的提取。

①从水浴锅中取出已处理的样品，加 600 微升 C 液（用 C 液之前不要晃动，不要吸到 C 液上层保护液），用力颠倒 10 次混匀，12 000 r/min 离心 l0 分钟。

②取 500 微升上清置于灭菌离心管中，加入 500 微升 D 液，混匀，置液氮中 3 分钟或 −70 ℃冰箱中 30 分钟。取出样品管，室温融化，13 000 r/min 离心 15 分钟。

③弃上清，沿管壁缓缓滴入 l 毫升 E 液，轻轻旋转一周后倒掉，将离心管倒扣于吸水纸上 1 分钟，再将离心管 50 ℃烘干或真空抽干 15 分钟（以无乙醇味为准）。

④取出样品管，用 30 微升 F 液溶解沉淀，作为模板备用。

（3）PCR 扩增。每份总体积 20 微升，取 16 微升 J 液（用前混匀），2 微升 K 液，2 微升模板 DNA。混匀，做好标记，加入 L 液 20 微升覆盖。扩增条件为 94 ℃，3 分钟后，95 ℃ 30 秒，65 ℃ 30 秒，72 ℃ 30 秒循环 35 次，72 ℃延伸 7 分钟。

（4）电泳。称 4 克琼脂糖放于 500 毫升锥形瓶中，加入 50 倍稀释的 M 液 200 毫升（取 4 毫升 M 液用双蒸水稀释至 200 毫升），于微波炉中熔解，再加入 20 微升 N 液混匀。在电泳槽内放好梳子，倒入琼脂糖凝胶，待凝固后将 PCR 扩增产物 15 微升混合 3 微升 O 液，点样于琼脂糖凝胶孔中，以 5 V/cm 电压于 50 倍稀释的 M 液中电泳，紫外灯下观察结果。

PRV 阳性对照出现 217bp 扩增带、阴性对照无带出现（引物带除外）时，试验结果成立。被检样品出现 217bp 扩增带为 PRV 阳性，否则为阴性。

◆ 农耕讲堂 ◆

采血方法视实际情况而定。用血量较少的检验，如血涂片，可刺破鸡冠取血；用中等量采血时，可从静脉血管采集，如检测血清中禽流感、新城疫抗体效价；当需血量较多时，可从心脏采集，如配制鸡红细胞悬液。雏鸡可采用颈静脉采血法；青年、育成鸡较多采用翼下静脉采血法、心脏采血法。

（1）侧卧采血法：助手左手抓住鸡双腿，右手握住两翅膀，使鸡右侧卧，左侧面向上，放在小桌子上。拔去胸上部少许羽毛。采血者自龙骨凸起前缘引一直线到翅基，再由此中点向髋关节引一直线，此线前 1/3 和中 1/3 处有一凹陷，即是心脏采血进针部位。或寻找由胸骨走向肩胛部的皮下大静脉，心脏约在该静脉的分支下侧，有时用食指触摸可感觉到心脏跳动。用酒精消毒后，以针头刺入时，如触及胸骨可稍拔出，针头向右偏一点避开胸骨，再将针头向里刺入，边刺边抽动注射器活塞。若刺入心脏，便有血液涌入注射器。采血完毕，干棉球按压止血。

（2）仰卧采血法：鸡仰卧保定，鸡头部朝向采血者，并使颈部及两腿伸展，拔去胸上部少许羽毛，用手指在胸骨上方、嗉囊下方摸到一凹陷，局部常规消毒，右手持针，自胸骨上方凹陷斜向前下方心脏方向，与鸡躯体呈 45°刺入，边刺边抽动注射器活塞，若刺入心脏，便有血液涌入注射器。采血完毕，干棉球按压止血。鸡仰卧采血应在嗉囊空虚时进行，此时较为方便。

■实践评价

任务	要点	评分细则	满分	得分
鸡翅静脉采血	动物保定及消毒 采血操作 填写采样单 废弃物处置	对采血部位用碘伏由里向外做点状螺旋式消毒。 采血快速进针，退针时用干消毒棉按压采血部位。 采血后，将采血器活塞外拉预留血清析出空间。 将采血器套上护针帽，去除推杆。 在采血器上标明样品编号（编号自拟），将采血器倾斜放入试管架。 规范填写采样单，规范处置废弃物。 操作时间≤25秒	25	
猪瘟疫苗免疫注射	保定 免疫注射 填写免疫档案 废弃物处置	检查疫苗（真空度、批号、有效期），阅读使用说明书。 装配金属注射器，注射器无泄漏。 拔掉疫苗和专用稀释液的外层塑料瓶盖，用碘伏分别消毒疫苗和稀释液内层瓶盖。 溶解后的疫苗未产生大量气泡，将疫苗瓶中的疫苗液转移到稀释瓶，再用注射器吸取稀释液稀释疫苗。 用稀释液将疫苗瓶冲吸干净，将所有液体转移到稀释瓶。稀释过程无菌操作。 混匀疫苗，用注射器吸取疫苗液5毫升后排空气泡。 排除气泡时用干消毒棉护住针头。 调节金属注射器，注射剂量。对注射部位用碘伏由里向外点状螺旋式消毒。 选择猪耳后颈部注射，垂直进针。进针后，注射疫苗前回抽针芯。 拔针后无渗出。拔针时用干消毒棉按压注射部位。 规范填写免疫档案。 操作结束后，规范处置废弃物，将注射器内剩余疫苗注入废弃液瓶	25	
生猪活体扁桃体采样	保定 采样 填写采样单 废弃物处置	检查采样器。 将采样器的采样针放入消毒液内消毒。 操作者站于猪头侧面，一手持开口器平着伸进猪口腔后下压手柄，使开口器转为竖立。 使猪下颌套进开口器下栏，固定开口器的位置。 将消毒过的采样针放入清洁的水中清洗。 打开手电筒。 将采样针送入猪的咽部，到达扁桃体位置。 手扣扳机进行采样。 将采集的扁桃体样品放入盛有保存液的无菌离心管内，盖上盖子并编号。 规范填写采样单。将采样器放入消毒液中，规范处置废弃物。 操作时间≤3分钟	25	

任务	要点	评分细则	满分	得分
羊液采样	动物保定 采样操作 填写采样单 废弃物处置	保护好羊只，尽量使头部固定不动；开口；抬高羊头部，使口、咽、食管几乎成直线。 采样探杯在使用前应经 2% 氢氧化钠浸泡消毒 5 分钟，用清水清洗一次。 将采样探杯从开口器中上栏伸进，到达咽喉部时，轻轻抽送几下促使羊吞咽，顺势下送采样杯进入羊食道上部，稍微停留后，将采样探杯向上向下抽提采样。采样过程中，探杯尽快进入食道。 装样品的离心管先加入 3 毫升磷酸盐缓冲液。 将 2 毫升样品加入离心管后加盖密封并充分摇匀 2 次。在离心管上标明样品编号（编号自拟）。将离心管放入冷藏箱中。 规范填写采样单。规范处置废弃物。 操作时间≤3 分钟	25	

任务九　农业产业调研

●实践指引

你知道吗

实施农村调研可以使得仍处于艰难爬坡阶段的农业和农村更好地面对自然灾害，分析影响农业增效、农民增收、农村稳定的因素。要实现农业农村经济和社会事业的良性发展，做好调研工作意义重大。

●实践目的

通过调研掌握现代农业发展的现状，分析现代农业发展区位优势和资源潜力，查找现代农业发展中存在的问题，探索特色化、规模化、产业化发展途径。

以产业兴旺为突破口，认真细致地对农业发展、农业产业化龙头企业、专业合作社、规模化种养殖基地、设施农业等进行调查，总结和整理农业发展的成功经验及做法，深入分析当前和今后一段时期的进攻方向，充分结合实际，提出具有针对性、操作性的对策建议。

●实施前奏

调研基本内容

（1）基本情况：主要包括优势主产业类型，主要农作物播种面积、产量、产值，养殖业规模、产量、产值。生产总值、农业总产值及其在三次产业中的比重；财政总收入、年度农业投入、农民人均纯收入等情况。

（2）农业发展主要成效：重点总结主导产业发展、设施装备和条件建设、科技推广运用、体制机制创新、发展建设投入等方面的情况。

（3）总结农业发展的成功经验：包括规划引领、争取投入、强化领导、体制机制、落实责任、加强管理、宣传交流等方面的内容，突出在推进农业建设方面的亮点和经验做法。

（4）查找农业发展中存在的主要问题：认真分析当前制约农区发展建设的主要因素，以及在推进农业发展中遇到的突出问题。

●实施步骤

1. 农业发展基础调查

（1）种植业：可利用耕地面积及区域分布、主要农作物播种面积及产量、耕地亩产及效益、主要农产品品种及销售、农业机械拥有量及使用、农业基础设施建设及循环农业发展等情况。

（2）畜牧业：可利用草场面积、牲畜养殖规模及区域分布、主要畜禽养殖种类及各肉类产量、牲畜存出栏、牲畜粪便再利用等情况。

（3）林业：农民在造林、育苗、林下经济发展等方面的做法和直接受益等情况。

（4）农村劳动力：劳动力规模及年龄、性别构成、劳动力素质、劳务输出情况、劳动力转移收入在农村居民人均总收入中的占比。

2. 农业产业化龙头企业的摸底调查

（1）基本情况：龙头企业数量、规模，特色农畜产品品牌建设，农畜产品生产加工能力及加工量，生产工艺及技术水平，科技及创新，相关政策的享受等情况。

（2）带动发展：带动农户的形式及规模、与农户的利益联结方式、发展中风险承担方式、农畜产品精深加工程度、所生产产品的销售市场及竞争力、吸纳劳动力就业等。

（3）问题与建议：龙头企业自身发展面临的问题、外部环境带来的困难，以及相关诉求与建议等。

※ 实践小贴士 ※

本次调研拟分组进行，并针对具体内容采取听汇报、实地考察、交流座谈、入户走访及填写调查问卷等方式进行。

3. 专业合作社的摸底调查

（1）基本情况：专业合作社数量及注册资金、出资成员及构成、合作社主营产业、生产经营和资产收益等情况。

（2）带动发展：专业合作社模式、农户参与程度、生产基地规模、产销衔接、相关制度建设、政府扶持政策等情况。

（3）问题及建议：自身发展存在的困难问题，以及相关的政策诉求与建议等。

4. 规模化种养殖基地的摸底调查

（1）基本情况：规模化种养基地区域分布及特色、种养殖规模、产品的产销情况、相关政策的享受、经济社会和生态效益等情况。

（2）发展能力：标准化种养、与市场的对接、种养技术的引用及创新、带动当地发展等情况。

（3）问题及建议：发展中存在的问题及诉求。

5．设施农业发展情况评估

（1）基本情况：设施农业数量、种养规模、发展布局、品种结构及经营主体等情况。

（2）发展潜力：设施农业产业链构建、农畜产品加工转化、农业园区发展、设施农业效益、科技引用创新及推广、带动农户和当地经济发展等情况。

（3）问题及建议：设施农业发展面临的资金、技术、人才、土地等要素制约及困难，相关的对策建议等。

6．农业社会化服务体系调查

农业技术推广体系、动植物疫病防控体系、农产品质量监管体系、农产品市场体系、农业信息收集和发布体系、农业金融和保险服务体系建设等情况，以及存在的问题和困难。

7．相关农业政策落实及涉农改革情况调查

土地流转、农业补贴资金落实、农村基本经营制度落实等情况；农村集体产权制度改革、农业供给侧结构性改革，以及存在的问题和困难。

21 世纪中国农业政策

8．农村新兴产业发展摸底调查

乡村旅游业发展、农村文化创意、农村养老服务、农村电商发展等。

◆**农耕讲堂**◆

调研要求：

（1）加强组织，完善工作措施。各小组要深刻认识调研活动的重要性，把此次课题调研活动摆在重要议事日程，认真分析、思考、提炼调研工作面临的实际问题，把课题调研做深、做实。

（2）提前着手准备，确保调研质量。要坚持做到全面调研与重点调研相结合、典型调研与抽样调研相结合、广泛搜集数据与深入实地相结合。调研报告要做到有情况、有分析、有对策，观点鲜明，分析透彻，内容丰富，具有创新性、现实性、针对性和前瞻性。

（3）加强协调配合，提高调研质量。各小组要加强协调配合，安排专人负责，按规定时间及时收集撰写调研材料。

■实践评价

我的收获				
我的感悟				
思考一下	1. 农业产业调研对于解决"三农"问题有什么帮助？ 2. 进行调研前，要进行哪些准备？ 3. 农业产业调研具有哪些方式			

	序号	课程评价项目	自评	互评
学生自我评价（自评部分根据自己的学习情况勾选对应的选项，互评部分交给你的小组同学完成，不得自己代完成互评选项）	1	是否在上课前做好充分的预习准备，通过各种渠道了解相关的主题内容，仔细阅读背景材料	非常符合□ 基本符合□ 不符合□	非常符合□ 基本符合□ 不符合□
	2	是否在课堂上积极参与小组活动，根据小组的活动要求，制订计划方案，完成自己的工作	非常符合□ 基本符合□ 不符合□	非常符合□ 基本符合□ 不符合□
	3	是否积极主动完成教师布置的任务，项目实践操作合乎任务要求	非常符合□ 基本符合□ 不符合□	非常符合□ 基本符合□ 不符合□
	4	是否做到安全至上，把安全意识和安全行为放在首要位置，时刻为自身及他人安全着想	非常符合□ 基本符合□ 不符合□	非常符合□ 基本符合□ 不符合□

	序号	课程评价项目	教师评价
任课教师评价（教师根据学生完成任务情况和课堂表现勾选相应选项，并在"教师综合评价"栏对该生进行综合评价）	1	学生是否顺利完成任务，遵守纪律，认真听讲，及时记录课堂笔记	非常符合□ 基本符合□ 不符合□
	2	学生是否积极参与劳动实践活动，理解活动意义	非常符合□ 基本符合□ 不符合□
	教师综合评价		

任务十　古村落考察

● 实践指引

你知道吗

中国古村落是中华传统文化的基石，传承着中华民族的历史记忆，是几千年农耕历史记忆和文化的载体。

● 实践目的

开展古村落考察活动有利于进一步了解我市古村落保护与利用的现状，促进文旅融合，为乡村振兴建言献策。

● 实施前奏

古村落的特点

中国传统村落，原名古村落，是指民国以前所建的村落。2012 年 9 月，经传统村落保护和发展专家委员会第一次会议决定，将习惯称谓"古村落"改为"传统村落"。

古村落中蕴藏着丰富的历史信息和文化景观，是中国农耕文明留下的最大遗产。古村落保留了较大的历史沿革，以突出其文明价值及传承的意义，即建筑环境、建筑风貌、村落选址未有大的变动，具有独特民俗民风。古村落虽经历久远年代，但至今仍在为人们服务。

传统村落是和物质与非物质文化遗产大不相同的另一类遗产，是一种生活生产中的遗产，同时，又饱含着传统的生产和生活。

（1）它兼有物质与非物质文化遗产特性，而且在村落里这两类遗产互相融合，互相依存，同属一个文化与审美的基因，是一个独特的整体。人们曾经片面地把一些传统村落归入物质文化遗产范畴，这样造成的后果是只注重保护乡土建筑和历史景观，忽略了村落灵魂性的精神文化内涵，徒具躯壳，形存实亡。传统村落的遗产保护必须是整体保护。

（2）传统村落的建筑无论历史多久，都不同于古建；古建属于过去时，乡土建筑属于现在时。所有建筑内全都有人居住和生活，必须不断地修缮乃至更新。所以，村落不会是某个时代风格一致的古建筑群，而是斑驳且丰富地呈现着它动态的嬗变的历史进程。它的历史不是滞固和平面的，而是活态和立体的。

（3）传统村落不是"文保单位"，而是生产和生活的基地，是社会构成最基层的单位，是农村社区。它面临着改善与发展，直接关系着村落居民生活质量的提高。保护必须与发展相结合。在物质和非物质文化遗产中，都没有这样的问题。

（4）传统村落的精神遗产中，不仅包括各类"非遗"，还有大量独特的历史记忆、宗族传衍、俚语方言、乡约乡规、生产方式等。它们作为一种独特的精神文化内涵，因村落的存在而存在，并使村落传统厚重、鲜活，还是村落中各种"非遗"不能脱离的"生命土壤"。

● **实施步骤**

（1）提前了解古村落的历史文化、风土人情、地理环境等。

（2）统一组织出发。以班集体为单位，组团统一前往。每个班有跟团教师 1 人及全体同学参加。

（3）现场参观。参观祠堂，对相关古建筑修缮情况进行详细考察。

（4）沟通访谈。通过与本地居民交流，了解古村落的历史文化、风土人情、地理环境、传统民俗等。

◆ **农耕讲堂** ◆

古村落的认定标准包括以下几项：

（1）现存建筑有一定的久远度，文物保护单位的等级达到标准，传统建筑的占地规模、现存传统建筑（群）和周边环境保存有一定的完整性，建筑的造型、结构、材料及装饰有一定的美学价值，并有对传统技艺的传承。

（2）传统村落在选址、规划等方面，代表了所在地域、民族及特定历史时期的典型特征，并具有一定的科学、文化、历史及考古的价值，与周边的自然环境相协调，承载了一定的非物质文化遗产。

（5）活动交流。在实地考察参观过程中，围绕"如何合理开发和保护古村落""如何让古村落可持续发展""如何以文旅融合促进乡村振兴"等课题进行深入探讨。

（6）课后反馈。参观的学生将自己的所见、所闻、所感写成一篇心得体会或感想，不少于 500 字，并在任课教师指导下制作 PPT，在班级分享汇报。

（7）集中交流。全体同学分成小组进行课堂讨论，回顾问题：传统村落被认为是农耕文明村落民居的"活化石"，但由于大多都集中在交通不便、经济落后的地区，得不到有效保护，面临着数量锐减、毁坏严重、污染威胁等问题。文明该如何保护传统村落，使其重新焕发生机？在活动过程中，给你留下深刻印象的是什么？你最大的收获是什么？

许村古村落如图 10.1 所示。

图 10.1　许村古村落

※ **实践小贴士** ※

　　中国历史文化名村，是由住建部和国家文物局共同组织评选的，保存文物特别丰富且具有重大历史价值或纪念意义的，能较完整地反映一些历史时期传统风貌和地方民族特色的村。

■实践评价

参观主题			
参观地点		参观时间	
参观内容概述			
参观感想			

任务十一 "农耕大体验"活动

●实践指引

你知道吗

插秧,是一项重要的农事。农民把粟播种在水田里,粟长成小苗,小苗长到十几厘米高,就是秧苗了。秧苗拔起来,带一些根系和泥土,然后在水稻田里按照一定的间距,由农民种植在泥土中,这样的过程就是插秧。秧苗插进土里的深度、秧苗的排列都会影响秧苗成活率和产出率。

●实践目的

春争日,夏争时,一年农事不宜迟。眼下正值农忙季节,急需抢抓农时,开展插秧工作。为了提升秧苗的成活率和提升产量,需要学习科学的插秧技巧、收割技巧。

●实施前奏

插秧的方法

插秧的方法主要有手动插秧、机插秧、抛插秧三种。

1. 手动插秧

(1)该方法要注意插秧深度,若深度超过5厘米,则低节位的分蘖数量较少,若超过7厘米,则之后几乎不会出现分蘖。因此,插秧时稻田的水位不能过深,水位以不露出地皮即可。

(2)稻田的硬度也是保证插秧质量的重要因素,若地块较软,则插秧后容易因秧苗自身的质量发生下沉情况,若地块较硬,则插秧后容易出现漂苗的情况。

(3)插秧时以两根手指接触地面为宜(横着贴向地面),如此即可保证浅插秧,还能防止漂苗。

2. 机插秧

(1)该方法的插秧标准为驱使插秧机时不可影响已插过的秧苗,并在汪泥汪水中正常插秧。机插秧时做到均匀出苗、四边整齐便可有效减少空插率。

(2)插秧时,稻田四周需保留走1次插秧机的宽度,然后从外往里进行插秧,最后再向外面及四周插秧。

(3)插秧后,需坚持"有苗就不补,缺2棵补1穴,缺1穴无须补"的原则。若本田秧苗缺1穴,通常不会对产量造成太大的影响,此时无须补太多的秧苗。

3．抛插秧

（1）使用该方法进行插秧需准备较多的秧苗，需比手动插秧多准备10%左右。抛秧时间需合理，若地块过暄，则抛秧过深，影响分蘖；若地块较硬，则抛秧过浅，容易倒伏。

（2）抛秧的时机以秧苗根部能够进入土中2厘米为宜，抛秧时应向空中抛至3～5米的高度，使根部直落于地。

（3）抛秧后，每隔5米拉一条30厘米宽的作业道，再将作业道的秧苗抛至苗稀的地方，然后要梳理整个稻田内的秧苗密度，使抛秧的密度尽量一致。

● **实施步骤**

1．育苗

先在某块田中培育秧苗，此田往往会被称为秧田，在撒下稻种后，农民多半会在土上洒一层稻壳灰；现代则多由专门的育苗中心使用育苗箱来促进稻苗成长，好的稻苗是稻作成功的关键。在秧苗长高约8厘米时，就可以进行插秧了。如图11.1所示为漂浮育苗。

图11.1　漂浮育苗

2．插秧

将秧苗仔细地插入稻田，间格有序。传统的插秧法会使用秧绳、秧标或插秧轮在稻田中做记号，如图11.2所示。

手工插秧时，会在左手的大拇指上戴分秧器，帮助农人将秧苗分出，并插土里。插秧的气候相当重要，如大雨则会将秧苗打坏。现代多有插秧机插秧，但在土地起伏大，形状不是方形的稻田中，还是需要人工插秧。秧苗一般会呈南北走向。还有更为便利的抛秧。

图11.2　插秧

插秧的深度一般以2～3厘米为宜，这样有利于秧苗扎根返青，如果插秧的深度过深可能会导致秧苗的返青速度较慢及分蘖时间较晚。秧苗要插直，且行距、穴距要规整，每穴插入的秧苗要确保均匀。插秧的深浅度要保持一致，同时，不能插断头秧等不良秧苗。

◆ **农耕讲堂** ◆

种植水稻需要什么条件？

（1）水稻适宜在温度较高的地方生长，温度越高，生长越快，产量也就越高。水稻生长的环境温度必须高于 13 ℃，当温度低于 13 ℃时，水稻便会停止生长。所有绿色植物都是在光照条件下的生长过程和营养过程，水稻也不例外。在光照条件下，水稻生长正常；当自然光为 50% 时，水稻生长缓慢；当光照强度降至自然光强度的 5% 时，水稻会停止生长，甚至死亡。

（2）水稻的生长需要足够的水分，当水分供给不足时，植物的生理功能会降低。水稻分蘖期是水稻需水量的高峰期，是绝对不允许缺水的。水稻在生长过程中还需要充足的养分，在常规根际施肥的前提下，施用尿素、硫酸铵或绿肥进行叶片施肥，帮助水稻生长，以抵御外部环境的不利影响。

3. 除草、除虫

秧苗成长的时候，需要时时照顾，并拔除杂草，有时也需要用农药来除掉害虫（如福寿螺），如图 11.3 所示。

4. 施肥

秧苗在抽高，长出第一节稻茎的时候称为分蘖期。这段时间往往需要施肥，让稻苗健壮的成长，并促进日后结穗米质的饱满和数量，如图 11.4 所示。

图 11.3　除草、除虫

5. 灌排水

水稻比较依赖这个程序，旱稻的是旱田，灌排水的过程较不同，但是一般都需要在插秧后、幼穗形成时，还有抽穗开花期加强水分灌溉，如图 11.5 所示。

图 11.4　施肥

图 11.5　灌排水

※ 实践小贴士 ※

（1）进行大面积插秧的时候要提前制订周密的计划（起秧、运秧、插秧等工序要配合好），以防中午晒秧或插隔夜秧。

（2）插秧的季节一般为夏季。以南方地区为例，早稻一般在 3 月月底至 4 月月初播种，4 月下旬至 5 月上旬插秧。

（3）中稻一般在 4 月中旬播种，5 月中旬插秧；晚稻一般在 6 月月底播种，7 月下旬插秧。早稻、中稻、晚稻的秧龄一般不能超过 1 个月。

■实践评价

我的收获				
我的感悟				
思考一下	1．为什么手工插秧无法完全被机器取代？ 2．插秧农作了你哪些启发？ 3．参与农耕体验的意义是什么			
学生自我评价（自评部分根据自己的学习情况勾选对应的选项，互评部分交给你的小组同学完成，不得自己代完成互评选项）	序号	课程评价项目	自评	互评
	1	是否在上课前做好充分的预习准备，通过各种渠道了解相关的主题内容，仔细阅读背景材料	非常符合□ 基本符合□ 不符合□	非常符合□ 基本符合□ 不符合□
	2	是否在课堂上积极参与小组活动，根据小组的活动要求，制订计划方案，完成自己的工作	非常符合□ 基本符合□ 不符合□	非常符合□ 基本符合□ 不符合□
	3	在活动中是否体会到劳动的意义，树立正确的劳动价值观，养成良好的劳动习惯	非常符合□ 基本符合□ 不符合□	非常符合□ 基本符合□ 不符合□
任课教师评价（教师根据学生完成任务情况和课堂表现勾选相应选项，并在"教师综合评价"栏对该生进行综合评价）	序号	课程评价项目	教师评价	
	1	学生是否顺利完成任务，遵守纪律，认真听讲，及时记录课堂笔记	非常符合□ 基本符合□ 不符合□	
	2	学生是否积极参与劳动实践活动，理解活动意义	非常符合□ 基本符合□ 不符合□	
	教师综合评价			

任务十二　创造耕读文化作品

●实践指引

你知道吗

耕读关系的认识可追溯到春秋战国时期，我国古代一些知识分子以半耕半读为合理的生活方式，以"耕读传家"、耕读结合为价值取向，形成了"耕读文化"。

●实践目的

通过制作视频，使学生加深对耕读教育的认识，同时，也鼓励学生贯通耕读教育与民族复兴的关联，贯通理论和实践，牢记使命，为中华民族的伟大复兴贡献智慧。

●实施前奏

耕读传家

"耕读传家久，诗书继世长。"自古以来，这则古训被不少家族奉为家规、家训，寄寓着长辈对后世子孙的谆谆教诲与殷切期望。那么，古人为何如此重视耕读？今天，我们来说说词语"耕读传家"。

关于耕，《说文解字》中有两种不同的解释。一种认为耕是一个形声字，"耕，犁也，从耒井声"；另一种认为耕是会意字，"一曰古者井田，谓从井，会意"，也就是认为，耕，从耒、从井，"耒"是农具，而"井"则是田地。耕的本义是"犁也"，是指用犁翻松田土，泛指耕种、农耕之事。中国自古以来就是农业大国，耕作劳动是日常生活的重要内容，是我们祖祖辈辈赖以生存的方式。而"耕"往往又与勤劳的品质联系在一起，面朝黄土背朝天，在田地里从事农耕劳作十分辛苦，因而也就有了"力耕"等词。

读，是一个形声字。《说文解字》解释为"读，诵书也，从言卖声"，本义为诵读诗书经文，后引申为阅读、学习之义。欧阳修说："立身以立学为先，立学以读书为本。"王夫之说："夫读书将以何为哉？辨其大义，以修己治人之体也；察其微言，以善精义入神之用也。"可见，古人推崇读书，不仅为了读书应举、出仕为官，同时也将其作为修身立德的重要途径。

在耕读文化发展过程中，"耕"和"读"的内涵也越来越丰富。"耕"不仅是一种生产、生活方式，"读"也不只是为了读书应举。在辛勤劳作的同时，可以培养勤劳务实、吃苦耐劳、脚踏实地的品质，感受"粒粒皆辛苦"的辛劳与不易，更有助于养成勤俭节约的习惯。而读书则不仅可以立志，更能修身、立德，激发"以天下为己任"的责任感和担当意识。通过耕读培育良好的行为习惯和高尚情操，不断滋养个人道德品格，从而使得家庭和睦、社会和谐，这正是"耕读传家"的现实意义所在。

●实施步骤

以"耕读传家"为视频比赛的主题，同学们自发收集材料、制作 60 秒以内的视频作品。评委团根据视频作品的内容丰富度、播放效果等评分项目来进行评分，确定名次。

（1）任课老师给予学生一定的引导，指导学生在以下三个子主题中任选其一作为视频的核心主题。

①传家两字，曰耕与读；兴家两字，曰俭与勤。

②耕道而得道，猎德而得德。

③耕与读又不可偏废，读而废耕，饥寒交至；耕而废读，礼义遂亡。

◆ 农耕讲堂 ◆

农业是国家的命脉基础，农村孕育了根植深厚、浸润民生的传统文化。几千年来，国人既信奉"无粮不稳"的至理，也推崇"读书明理"的大道。社会的秩序、精神世界的丰润离不开前人创造积淀的文化。宋代"三苏"不仅留下流芳千古的文学名篇，三苏祠里蕴涵的家训、家风，一直在潜移默化地影响着更多的人，他们"临大事而不乱""临利害之际不失故常"的人生智慧和家国情怀至今在启迪着后人。"中华优秀传统文化是中华文明的智慧结晶和精华所在，是中华民族的根和魂，是我们在世界文化激荡中站稳脚跟的根基。"乡村振兴，既要"塑形"也要"铸魂"。最具生命力的新乡村文明，既汲取了传统文化的营养，也必然散发现代文明的馨香。

（2）每个同学通过邮件提交作品，视频作品按照统一格式的规范：班级＋学号＋姓名＋《视频制作：耕读传家》，邮件附件添加作品视频文件的来源和出处。

（3）全班同学一同在课上观看视频作品，并进行投票。根据决赛中获得票数的多少评选出优秀视频作品：一等奖 1 名，二等奖 2 名，三等奖 3 名，优胜奖 4 名。

（4）全班同学共同组成大众评委团，每个同学具有 1 张票，可以给自己支持的视频投票。大众评委团共同推选出 10 支视频作品进入决赛。

（5）全班一同观看入围决赛的视频。在班级中通过随机抽签的方式选中 5 名同学，与任课老师一同组成专家评委团。专家评委团在现场进行匿名投票，每名专家评委有 2 张票。

（6）活动后对整个策划与比赛进行总结，凝练精品以作存档传承。

※ 实践小贴士 ※

今天的农业，不仅要承担起"中国人的饭碗任何时候都要牢牢端在自己手上"的重任，还要实现农村农业现代化的远景蓝图。今天抓粮食生产，既有保种植面积、稳粮食总产量的现实之需，更有加快转变农业发展方式、实现农业农村高质量发展的长远之谋；既要大力培养爱农业、懂技术、善经营的新型职业农民，夯实乡村振兴的基础，更要推动农业产业结构的全面转型升级，确保农业稳产增产、农民稳步增收、农村稳定安宁，让"产业兴旺、生态宜居、乡风文明、治理有效、生活富裕"成为新时代"富春山居图"的亮色。

■实践评价

我的收获				
我的感悟				
思考一下	1．"耕读文化"中的"耕"和"读"是什么关系？ 2．你如何理解"乡村振兴，既要'塑形'也要'铸魂'"这句话？ 3．耕读文化与中华优秀传统文化是什么关系			

学生自我评价（自评部分根据自己的学习情况勾选对应的选项，互评部分交给你的小组同学完成，不得自己代完成互评选项）	序号	课程评价项目	自评	互评
	1	是否在上课前做好充分的预习准备，通过各种渠道了解相关的主题内容，仔细阅读背景材料	非常符合□ 基本符合□ 不符合□	非常符合□ 基本符合□ 不符合□
	2	是否在课堂上积极参与小组活动，根据小组的活动要求，制订计划方案，完成自己的工作	非常符合□ 基本符合□ 不符合□	非常符合□ 基本符合□ 不符合□
	3	是否做到课程内容的举一反三，运用本节课学习的知识为自己和他人的生活服务	非常符合□ 基本符合□ 不符合□	非常符合□ 基本符合□ 不符合□

任课教师评价（教师根据学生完成任务情况和课堂表现勾选相应选项，并在"教师综合评价"栏对该生进行综合评价）	序号	课程评价项目	教师评价	
	1	事实是否符合历史，观点是否立场鲜明	非常符合□ 基本符合□ 不符合□	
	2	学生是否积极参与劳动实践活动，理解活动意义	非常符合□ 基本符合□ 不符合□	
		教师综合评价		

任务十三 "耕读中国"主题诵读比赛

● **实践指引**

你知道吗

"耕读传家久，诗书继世长。"告别了绝对贫困，实现了千年夙愿的我们，未来之路怎么走？习近平总书记的眉山之行带给了我们最深刻的昭示：从农田到心田，映照的是千年不辍的耕读之风；由传统至未来，始终不能忘怀的是百世绵延的"国之大者"。

● **实践目的**

扩大耕读文化的影响，提高学生朗诵水平，培养朗诵爱好，提升文学素养，推动阅读起到积极的作用，产生良好的效果。

● **实施前奏**

耕读诗歌作品

1. 《耕读堂诗》

耕读堂诗

[宋] 项安世

朝鹜兮吾畴，象舒兮鸦疾。

暮飘兮吾帷，风喧兮雨密。

蓑衣兮台冠，雪炬兮萤袄。

田丁兮学丁，耦歌兮侪习。

米甘兮蔬旨，道腴兮仁实。

养送兮无憾，俯仰兮有适。

尧汤兮吾辟，岂吾欺兮伊稷。

2. 《耕读轩》

耕读轩

[元] 王冕

路逢谁家子？背手牵黄犊。

犁锄负在肩，牛角书一束。

辄耕且吟诵，息阴坐乔木。

南山豆苗肥，东皋雨新足。

凉气满郊墟，书声出茅屋。

古来贤达人，起身自耕牧。

买臣负薪歌，倪宽带经读。

寄语少年徒，行当踵前躅。

3. 《过荆岵访族兄文统逸人隐居》

过荆岵访族兄文统逸人隐居

［明］徐勃

踪迹经年懒入城，满村麻苎绿阴晴。

蝶寻野菜飞无力，蚕饱柔桑啮有声。

半榻暮云推枕卧，一犁春雨挟书耕。

清高学得南州隐，不忝吾宗孺子名。

● **实施步骤**

1. 人员及分工

任课老师通过随机选取的方式，选出 3 名同学组成组委会，负责策划此次活动。组委会完成主持人、计时员、道具组、宣传组、场务等活动幕后人员选拔及分工。

2. 幕后人员分工

主持人完成开场白、串联词和结束语，并制作节目单；计时员和道具组一同完成道具租借、场地布置；宣传组制作宣传资料，呼吁广大学生报名参加活动，同时还要负责组织参赛者进行试音、彩排等。

◆ 农耕讲堂 ◆

"耒"是农具，"井"是田；耕读，是体会劳作过程，也是对生命力的尊重。在劳作的过程中人类创造了第二自然，人们在农业生产中创造了"大地艺术"。在日常生活中，我们要用行动去致敬劳动，用劳动去创造价值。当代大学生更是要重视创造性、创新性劳动，实现德、智、体、美、劳全面发展。

何为读？读就是理解，理解中国、理解国情、理解人类文明。大学生"耕读"，不仅要读万卷书、行万里路，更要谋万民福。谋万民福，不仅心怀中国，更要在构建人类命运共同体和建设人类文明过程中做出自己的贡献。文明在所学的专业中了解关键核心技术、探索未知领域、解决实际问题。

践行耕读文化，基本前提是尊重生命个体。健康的生命既包含健康的身体，又包含健全的人格。我们对生命要有最基本的尊重，从而快乐学习、快乐创造。生命是平等的，每个生命都值得我们珍视和尊重。大学也是平等的，在这里可以自由讨论、友好交流，在这里体验生活美学、感受大学美好，在这里求真、崇善、尚美。

3．活动正式开始

主持人进行开场致辞，对本次活动、评委及比赛规则进行简要介绍，并宣布参赛选手名单及顺序。任课老师针对"耕读传家"的理念进行评说，并说明此次活动的意义。参赛者上台表演，可以节选耕读相关文学作品的片段进行朗诵，也可以结合其他形式的表演来表达自己对"耕读中国"理念的解读。

4．点评和颁奖

评委点评后，每5个选手公布一次分数。根据最后的排名，为前5名选手颁布奖励。

※ 实践小贴士 ※

在倾听他人朗诵的时候，要保持安静。诵读时间不超过10分钟。所有同学要准时参加，严格遵守课堂纪律。

■实践评价

我的收获			
我的感悟			
思考一下	1．如何把耕读精神内化于心、外化于行？ 2．耕读教育的意义是什么？ 3．如何实现"耕读中国"的现代转型		
任课教师评价	序号	课程评价项目	教师评价
	1	紧扣主题，内容充实生动，有真情实意。 寓意深刻，富有感召力	非常符合□ 基本符合□ 不符合□
	2	精神饱满，姿态得体大方。 感情饱满真挚。 表达自然。 能通过表情的变化反映朗诵的内涵	非常符合□ 基本符合□ 不符合□
	3	吐字清晰。 声音洪亮。 正确把握朗诵节奏	非常符合□ 基本符合□ 不符合□
	4	能正确把握朗诵内容。 声情并茂，朗诵富有韵味和表现力。 能与观众和评委产生共鸣	非常符合□ 基本符合□ 不符合□
	教师综合评价		

任务十四　听我诉一段乡情民情

●实践指引

你知道吗

　　新农村建设必须时刻把农民愿意不愿意、高兴不高兴作为衡量新农村建设成效的重要标志，要切实做到尊重农民意愿，只有这样，才能发挥群众智慧，新农村建设才会更加顺利。

●实践目的

　　通过组织学生采访村民，听村民们分享自己的乡情故事，使学生了解，展示乡村的风情和故事，鼓舞学生耕读并重，为实现乡村振兴而奋斗。

●实施前奏

当代农村真实现状

　　第一，百姓平均寿命变长了。可以看到，老年人活到七八十岁很正常。二十世纪八九十年代，在一个村里，人能够活到 70 岁以上，都很稀罕了。老年人的面容也比原来要好，脸上有光，不像原来面朝黄土背朝天的那种劳累对生命的打击、受压。能看出来，劳累程度降低了。

　　第二，农民的收入与原来有很大的变化。原来没有现金收入来源、没有活钱，极端的贫困；现在收入还过得去、没有太大的问题。只要家里有人在外面做工，稍微勤快一点，怎么都能有收入。

　　养老是很大的一件事，但对老人，现在也不是钱的事——他的儿子、儿媳妇或姑娘出去打工，一年怎么都得给他留一点钱；他自己的养老金（一个月几百块）基本不会给子女，都在自己的账户上，一年去取几次。老人手上有自己可以攥着的钱，他在家就不会那么受歧视。

　　第三，农民的住房改善明显。这些年，农民出去打工（包括有一些在乡村干活的），他整个资本积累、经济改善的状况基本都体现在他的房子上。20 世纪 80 年代，农村住房很差，而现在，一个村一整条路两边都是农民盖的房子。

　　第四，农村的公共设施比原来明显进步。从县城到乡村，路是畅通的，而且两边的景观也很漂亮，显示乡村摆脱贫困以后的景象。以前，都是土路；现在，大路都畅通了。村内的路取决于这个地方的慈善状况——有出去做公务员的，找一些钱，有一些小老板挣钱后捐一些。

第五，乡村的分化很严重。村里大部分农户的状况，无非是好一点、差一点——有的可能出去干得不错、已经能做企业；出去打工中比较勤快的，尽管比第一类差一点，也还不错。但确实有极少部分农户，状况很不好，有的是因为生病、家庭遇到不测，还有一些是家庭能力问题。

这是表面看到的乡村变化的状况，所有这些变化，实际上都是农民出村带来的。他的收入来源是出村带来的，住房是出村挣的收入带来的，收入改善使农民精神状态变化，也是因为出村带来的。当然，农民的这些变化，也配合有一定的公共服务，如公路、用水、养老等。

总之，农民出村带来的变化是本质性的，而政府公共政策、公共品的提供，总体来说是到位的，对于改变过去乡村没落的状况，也有不少贡献。

● **实施步骤**

（1）每 5 个同学组成一个小组，以小组为单位进行活动。

（2）以小组为单位，拟定访谈提纲。

（3）采访准备。在访谈前，要先准备好采访提纲、采访设备、采访资料、采访问题等，并要做好背景调查。在约定访谈对象、采访访谈对象时，要对访谈对象主要活动的历史时期、生平经历有一定的了解。

※ **实践小贴士** ※

采访时注意自己的表情和语速、说话的清晰和明了；采访时遇到不清楚的地方要及时提问，绝对避免主观编造和添加。

（4）围绕设计好的访谈提纲，对村民进行深入采访。

（5）撰写采访体会，准备故事资料，制作 PPT 来复述村民的乡情民情故事。

（6）全班同学进行交流。

◆ **农耕讲堂** ◆

人物访谈的步骤如下：

（1）确定采访主题。围绕主题进行相关背景调查，快速翻阅资料。

（2）熟悉被采访人物资料。了解被采访人物以前发生过什么样的事情。

（3）整理线索。透过对被采访人物和采访事件的了解，整理出已经成型的一些观点和看法，以及还未成型的观点，寻找本次采访线索，即突破口。

（4）设计问题。透过对人物和事件的了解及对线索的整理，进行问题的设计。

（5）罗列问题。罗列之后需要再检查采访提纲是否有漏洞。

（6）在采访过程中，有时候采访对象并不会沿着记者的思路走，遇到这种情况可沿着对方的思路提问。记者需要把握的是采访主题不发生偏移，同时，还要注意在采访过程中发现线索，可能在采访前期的准备时并没有发现的线索被采访对象说了出来，此时记者就需要紧追不放。这样在完成新闻采访主题的同时，记者还拿到了别人之前所没有注意到的新闻。

■实践评价

我的收获				
我的感悟				
思考一下	1. 改革开放以后，中国乡村发生了哪些变化？ 2. 你认为现代农村在经济发展方面主要面临哪些问题？ 3. 为什么人们会离开乡村去城市务工			
	序号	课程评价项目	自评	互评
学生自我评价（自评部分根据自己的学习情况勾选对应的选项，互评部分交给你的小组同学完成，不得自己代完成互评选项）	1	是否在上课前做好充分的预习准备，通过各种渠道了解相关的主题内容	非常符合□ 基本符合□ 不符合□	非常符合□ 基本符合□ 不符合□
	2	是否在课堂上积极参与小组活动，根据小组的活动要求，制订计划方案，完成自己的工作	非常符合□ 基本符合□ 不符合□	非常符合□ 基本符合□ 不符合□
	3	是否做到课程内容的举一反三，运用本节课学习的知识为自己和他人的生活服务	非常符合□ 基本符合□ 不符合□	非常符合□ 基本符合□ 不符合□
	序号	课程评价项目	教师评价	
任课教师评价（教师根据学生完成任务情况和课堂表现勾选相应选项，并在"教师综合评价"栏对该生进行综合评价）	1	学生是否顺利完成任务，遵守纪律，认真听讲，及时记录课堂笔记	非常符合□ 基本符合□ 不符合□	
	2	学生是否积极参与劳动实践活动，理解活动意义	非常符合□ 基本符合□ 不符合□	
	教师综合评价			

任务十五　农耕文化 PPT 制作

●实践指引

你知道吗

农耕文化是人们在长期农业生产中形成的一种风俗文化，它是世界上最早的文化之一，也是对人类影响最大的文化之一。农耕文化集合了各民俗文化为一体，形成了独特文化内容和特征，是世界上存在最为广泛的文化集成。

●实践目的

随着计算机在大学校园里的广泛使用，越来越多的同学意识到掌握好计算机基本办公软件操作的重要性，而 PPT 作为办公软件家族的重要一员，在教学和生活的各个方面被广泛应用。此次活动有利于提高学生的计算机基本操作能力，增进大学生对农耕文化的理解。

●实施前奏

农耕文化的起源和形成

农耕文化是人们在长期农业生产中形成的一种适应农业生产、生活需要的国家制度、礼俗制度、文化教育等的文化集合，其主体包括国家管理理念、人际交往理念及语言、戏剧、民歌、风俗与各类祭祀活动等，是世界上存在的最为广泛的文化集成。

农耕与气候条件紧密相关，光照充足、降水丰沛、高温湿润的气候条件十分适宜农作物生长，雨热同期是我国非常优越的气候资源，是诞生农耕文化的重要条件。

农耕文化除带来稳定的收获和财富，造就了相对富裕而安逸的定居生活外，还为进一步衍生出高雅的精神文化创造，奠定了基础。追溯中国农耕文化起源有一句"男耕女织"之说，它不仅是指早期的劳动分子，也是农耕文化形成的基础。早在河姆渡时期，出土的谷物化石，则说明"农耕"由此（或更早）产生。

在漫长的历史发展进程中，农耕文化和游牧文化在各自的世界里不断发展、演变，由于文化的巨大差异，使这些人类在性格上和体制上出现了很多不同。在亚欧大陆的广阔土地中，大陆的北部形成了一条天然的草原地带，众多的游牧民族生活在此，在大陆的南部及一些中部地区出现了一个个农耕区。

从社会形态的发展阶段及特点来看，农耕文化一直被认为要先进于游牧文化，这不仅是因为双方生存方式的不同，更为根本的则是农耕社会的发展进程始终要快于游牧社

会。农耕文化相对游牧文化具有多方面的进步性，并且在这种进步性的长期影响下，农耕文化率先进入了国家形态。农耕文化和游牧文化作为两个截然不同的人类文化成果，它们共同构成了人类历史不断向前发展演变的重要因素和重要基础。

●**实施步骤**

（1）分组分工。每 3 人为一小组，进行组内分工。

（2）小组明确主题、PPT 结构、各部分大致内容并进行分工。

◆ 农耕讲堂 ◆

我国是古老的农业国。中国古代社会经济的主体是农耕自然经济，中国文化是以农耕文化为根基产生和发展起来的。原始的农耕自然经济则是生产力低下和社会分工不发达状况相适应的一种经济形式，人们生产的目的不是交换，而是自给自足。

所谓"仓廪而知礼节，衣食足而知荣辱"，说明人们的生存是第一性的，大自然的万事万物决定农耕文化的模式。中国得天独厚的地理自然条件为人们从事农耕提供了良好的环境。"斫木为耜，揉木为耒"，中国在漫长的五千多年前就有了农业，并且发明了简单的农具，这都说明了自然经济中农耕文化的重要地位。

社，指土神；稷，指谷神；社稷，后引申为国家。农业是立国之本和文化之本，我国长江流域农业发达，使之成为国家的经济支柱。人们男耕女织，以织助耕，土地是农民的命根子，这些都是农耕社会中最基本、最重要的生产资料。在自然条件下，手工业和商业是农业附属的经济形式，"重农抑商"提高了农耕的水平。

人们附着于土地，日出而作，日落而息，年复一年地，慢节奏地，低效率地进行简单的生产，受到自然条件与传统习惯的制约，贵贱分明，女主内，男主外，生活井然。封建社会伦理道德的形成，维系着农耕文化的发展和渐进。

俗话说："几分耕耘，几分收获。"农耕文化所体现的人们勤劳、遵天时、爱地利、求人和的优良品质，铸造了几千年农耕的人文。由于农耕与文化是束缚在土地上所生成的产物，它具有很大的保守性。农民关注的是春种夏收，宜居宜业，崇古尊师，孝亲敬祖，乐天安命，服从自然，服从传统，克己复礼，正心修身……创新和改革往往会受到鄙视与非议。

（3）以小组为单位，收集相关文字、图片、音频、视频等资料，查阅文献，以"农耕文化"为主题制作 PPT，在课堂上展示并讲解。作品应尽可能多地运用 PPT 的附加功能。

（4）小组课堂 PPT 展示，参赛作品的时间最好控制在 10 分钟左右。作品内容积极健康向上，展现当代农村的精彩生活。

（5）任课教师根据学生课堂的 PPT 展示表现进行计分，分数计入学生平时成绩。

※ **实践小贴士** ※

制作课件应注意的问题：不要过分追求技术的高难；不要过分追求画面的花哨；不要过分追求自制；上课前必须进行实地演练；防止过多的动画。

■**实践评价**

我的收获				
我的感悟				
思考一下	1. 农耕文化有什么特征？ 2. 农耕文化和游牧文化有什么区别？ 3. 气候条件对农耕文化有什么影响			

学生自我评价（自评部分根据自己的学习情况勾选对应的选项，互评部分交给你的小组同学完成，不得自己代完成互评选项）	序号	课程评价项目	自评	互评
	1	是否在上课前做好充分的预习准备，通过各种渠道了解相关的主题内容，仔细阅读背景材料	非常符合□ 基本符合□ 不符合□	非常符合□ 基本符合□ 不符合□
	2	是否在课堂上积极参与小组活动，根据小组的活动要求，制订计划方案，完成自己的工作	非常符合□ 基本符合□ 不符合□	非常符合□ 基本符合□ 不符合□
	3	是否积极主动完成教师布置的任务，项目实践操作合乎任务要求	非常符合□ 基本符合□ 不符合□	非常符合□ 基本符合□ 不符合□

任课教师评价（教师根据学生完成任务情况和课堂表现勾选相应选项，并在"教师综合评价"栏对该生进行综合评价）	序号	课程评价项目		教师评价
	1	内容翔实	40	
	2	制作精美	20	
	3	仪表形象	20	
	4	展示技巧	20	
		教师综合评价		

参 考 文 献

[1] 张剑峰. 问道·田园耕读 [M]. 西安：陕西师范大学出版社，2015.

[2] 郭万新. 耕读世家 [M]. 北京：人民日报出版社，2015.

[3] 包滢晖，陈晨，伍国勇. 乡村振兴背景下农耕文化的传承路径 [J]. 教育文化论坛，2022，14（3）：5.

[4] 左靖. 碧山 08：永续农耕 [M]. 北京：中信出版社，2016.

[5] 宋东升. 传承弘扬农耕文化发展县域特色文化产业 [M]. 北京：社会科学文献出版社，2015.

[6] 游修龄. 中华农耕文化漫谈 [M]. 杭州：浙江大学出版社，2014.

[7] 王彤光，薛俊梅. 耕读劳动——学农与创新创业实践 [M]. 北京：中国农业出版社，2021.

[8] 巫建华，徐芳. 耕读劳动——新时代劳动教育实践 [M]. 北京：中国农业出版社，2021.

[9] 林万龙. 耕读教育十讲 [M]. 北京：高等教育出版社，2021.

[10] 蒋林树，孙曦，陈学珍. 学农耕读科普实践教程 [M]. 北京：中国农业出版社，农村读物出版社，2020.

[11] 高万林. 中华农耕文化科普读本 [M]. 北京：人民教育出版社，2018.

[12] 徐斌. 尖叫的农具——当代中国农耕文化记忆 [M]. 天津：天津人民出版社，2021.

[13] 张建树. 农耕史话 [M]. 北京：中国农业出版社，2019.

[14] 于凌. 东北农耕文化 [M]. 北京：社会科学文献出版社，2018.

[15] 谭平，马英杰. 走近天府农耕文明 [M]. 成都：四川大学出版社，2021.

[16] 尹绍亭. 农耕文化与乡村建设研究文集 [M]. 北京：中国社会科学出版社，2021.

[17] 沈凤英，秦丽娟. 农耕文化与乡村旅游 [M]. 北京：中国农业出版社，2020.

[18] 孙齐，王学典. 农耕社会与市场 [M]. 北京：商务印书馆，2019.